高素质农民培训系列教材

基层农业技术推广人员培训教程

龙守勋　郭　飞　陈中建　主编

U0306832

中国农业科学技术出版社

图书在版编目（CIP）数据

基层农业技术推广人员培训教程／龙守勋，郭飞，陈中建主编．—北京：中国农业科学技术出版社，2021.3

ISBN 978-7-5116-5141-9

Ⅰ.①基… Ⅱ.①龙…②郭…③陈… Ⅲ.①农业科技推广-技术培训-教材 Ⅳ.①S3-33

中国版本图书馆 CIP 数据核字（2021）第 019136 号

责任编辑	金　迪　张诗瑶
责任校对	马广洋
责任印制	姜义伟　王思文

出 版 者	中国农业科学技术出版社
	北京市中关村南大街 12 号　邮编：100081
电　　话	（010）82109705（编辑室）　　（010）82109702（发行部）
	（010）82109709（读者服务部）
传　　真	（010）82109698
网　　址	http：//www. castp. cn
经 销 者	各地新华书店
印 刷 者	北京富泰印刷有限责任公司
开　　本	850 mm×1 168 mm　1/32
印　　张	7
字　　数	208 千字
版　　次	2021 年 3 月第 1 版　2021 年 3 月第 1 次印刷
定　　价	45.00 元

《基层农业技术推广人员培训教程》
编委会

前　言

　　农业技术推广是国家农业支持保护体系和农业社会化服务体系的重要组成部分。农业科技成果转化需要有健全的推广体系，而农业技术推广人员是农业技术推广的主要环节和动力。基层农业技术推广人员的培养直接关系农业技术推广的成效，基于此，编者组织编写本书，旨在为农业技术推广提质增效。

　　本书共 10 章，内容包括：农作物种植推广新技术、林果种植推广新技术、畜牧养殖推广新技术、水产品养殖推广新技术、减量化生产模式推广新技术、再利用生产模式推广新技术、农业推广基本技能、农业推广计划、农业推广沟通、农业科技成果转化。本书内容丰富、语言通俗、科学实用。

　　由于编者水平有限，书中不当之处，恳请各位专家和读者批评指正。

编　者

目　　录

第一章 农作物种植推广新技术

第一节 高效种植模式概述

高效种植模式主要有间作、混作、套作、复作、轮作、再生作多熟与多样化种植。现在我国也有很多地方正在进行粮菜立体种植模式的实践，在相同的土地面积上种植多种作物，既保证了粮食作物不减产，又增加了农民收入，更重要的是可以有效提高土地利用率和产出率，解决粮菜争地的矛盾。

本节以小麦—圆葱—玉米—芸豆"四种四收"模式为例，具体介绍高效种植模式的田间应用技术。该模式适用于地力、肥水条件较高的精种高产区。在该模式中，虽然小麦播种面积略有减少，但由于边行效应，产量仍与纯种小麦相当；圆葱在田间管理上与小麦有一致性，适宜与小麦间作；芸豆是爬蔓植物，比较耐阴，穿插种植在玉米行间，以玉米为支架，不影响玉米的生长。

田间配置方面，畦面宽 140cm，秋播 8 行小麦，畦背宽 40cm，10 月下旬至 11 月初地膜覆盖定植 2 行圆葱（白露前 3~5d 育苗）。翌年 5 月下旬收获圆葱后，套种 2 行中熟紧凑型玉米。麦收后及时灭茬、松土、除草，在离玉米行 20cm 处穴播 2 行芸豆，每穴播 3~4 粒种子，留苗 2 株。每亩（1 亩 ≈ 667m²，1hm² = 15 亩，全书同）定植圆葱 4 000~5 000 株，玉米留苗 4 000 株左右，芸豆 2 000~2 500 墩。

相关的配套技术包括选用良种和施足底肥。小麦选用高产良种，如烟农 15 号、济南 17 号等；圆葱选用日本黄皮圆葱品种；玉米选用株型紧凑、叶片上冲的中熟品种，如登海 1 号、鲁单 50

号等；芸豆选用耐弱光、耐高温、抗病高产品种，如绿龙、老来少等。施足底肥，秋种时结合耕翻、整畦，每亩施腐熟有机肥50kg、过磷酸钙50kg、三元复合肥50kg。

除玉米的田间管理外，"四种四收"模式还要做好小麦、圆葱和芸豆的田间管理。小麦重点抓好"三水二肥"，即越冬水、起身拔节水和灌浆水；结合浇水追施小麦起身拔节肥和灌浆肥。圆葱浇好冻水及返青水，圆葱膨大时，每亩追施尿素 20~25kg，5 月末及时收获。芸豆苗期适当浇水，以保湿降温，结合浇水追施 2 次肥料，一般每亩追施尿素 25kg。结荚初期浇 1 次水，以后视生长情况勤浇，轻浇，浇后及时划锄。第一次采收后追施 1 次肥，中后期再追施 1~2 次肥料，一般每亩施尿素 12kg 或复合肥15kg；适时做好芸豆锈病、炭疽病、蚜虫等病虫害的防治。

第二节　高效间套种植模式应用

一、果园间套地膜马铃薯种植模式

1. 种植方式

适应范围以 1~3 年幼园为宜，水地、旱地均可。2 月初开始下种，麦收前 10d 开始采收。种植规格以行距 3m 的果园为例，当年建园的每行起垄 3 条，翌年园内起两条垄。垄距为 72cm、垄高为 16cm、垄底宽为 56cm，垄要起得平而直。起垄后，用锹轻抹垄顶。每垄开沟两行，行距为 16~20cm，株距为 23~26cm。将提前混合好的肥料施入沟内，下种后合沟复垄。有墒的随种随覆盖，无墒的可先下种覆膜，有条件的灌 1 次透水，覆膜要压严拉紧不漏风。

2. 茬口安排

前茬最好是小麦，后茬可以是大豆、白菜、甘蓝等，这样有利于在行间套种地膜马铃薯。

3. 播前准备

每亩施有机肥 2 500～5 000kg、磷酸二铵 30kg、硫酸钾 40kg，每亩用 5kg 左右的地膜。

4. 切薯拌种

先用 100g 以上的无病种薯，切成具有一个芽眼约为 50g 的薯块，并用多菌灵拌种备用。播后 30d 左右，及时查苗放苗，并封好放苗口。苗齐后喷 1 次高美施，打去三叶以下的侧芽，每窝留 1 株壮苗。以后再每周喷 1 次生长促进剂。花前要灌 1 次透水，花后不灌或少灌水。

二、温室葡萄与蔬菜间作种植模式

1. 葡萄的栽培及管理

（1）栽植方式。葡萄于 3 月 10 日左右定植在甘蓝或番茄行间，留双蔓，南北行，行距为 2m，株距为 0.5m，10 月下旬覆棚膜，11 月中旬修剪后盖草帘保温越冬。

（2）整枝方式与修剪。单株留双蔓整枝，新梢上的副梢留 1 片叶摘心，二次副梢留 1 片叶摘心，新梢长到 1.5cm 时进行摘心。立秋前不管新梢多长都要摘心。当年新蔓用竹竿领蔓，本架则形成 "V" 形架，与临架形成拱形棚架。当年冬剪时留 1.2～1.3m 蔓长合适。

（3）田间管理。翌年 1 月 15 日左右温室开始揭帘升温。2 月 15 日左右冬芽开始萌动，把蔓绑在事先搭好的竹竿上，注意早春温室增温后不要急于上架。4 月初进行抹芽和疏枝，每个蔓留 4～5 个新梢，留 3～4 个果枝，每个果枝留 1 个花穗。6 月 20 日左右开始上市，8 月初采收结束；在葡萄种植当年的 9 月下旬至 10 月上旬，在葡萄一侧距根系 30cm 以外开沟施基肥，每公顷施有机肥 30～50t。按 "五肥五水" 的方案实施。花前、花后、果实膨大、着色前、采收后进行追肥，距根 30cm 以外或地面随水追肥，每次每株 50g 左右，葡萄落花后 10d 左右，用吡效隆浸或喷果穗，以增大果粒，另外，每千克药水加 1g 异菌脲可防治幼果期病害，蘸完后进行套袋防病效果好。其他病虫害按常规法防治；在 11 月上旬覆膜准备越冬，严霜过后，葡萄叶落完开始冬剪。

2. 间作蔬菜的栽植与管理

可与葡萄间作的蔬菜有两种（甘蓝、番茄），1 月末至 2 月初定植甘蓝和番茄，2 月 20 日番茄已经开花，间作的甘蓝已缓苗，并长出 2 片新叶。甘蓝于 4 月 20 日左右罢园，番茄于 5 月 20 日左右拔秧。

3. 经济效益分析

葡萄平均产值为 22.1 元/m^2；若与甘蓝间作，主作和间作的产值为 30.1 元/m^2，每亩产值 20 076.7 元；若与番茄间作，则主作和间作的产值为 37.6 元/m^2，每亩产值 25 079.2 元，经济效益显著。

三、大蒜、黄瓜、菜豆间套种植模式

山东兰陵县连续两年进行"三种三收"的高产高效栽培，即在地膜覆盖的大蒜行套种秋黄瓜，收获大蒜后再种植菜豆，获得了较好的经济效益。

1. 种植方式

施足基肥后，整地作畦，畦高为 8~10cm，畦沟宽为 30cm，大蒜的播期在 10 月上旬寒露前后，行距为 17cm，株距为 7cm，平均每亩栽植 33 000 株。开沟播种，沟深为 10cm，播种深为 6~7cm，待蒜头收获后，将处理好的黄瓜种点播于畦上，每畦 2 行，行距为 70cm，穴距为 25cm，每穴 3~4 粒种子，每亩留苗 3 500 株；6 月下旬于黄瓜行间作垄直播菜豆，行距为 30cm，穴距为 20cm，每穴播 2~3 粒。

2. 栽培技术要点

（1）科学选地。选择地势平坦、土层深厚、耕层松软、土壤肥力较高、有机质丰富以及保肥、保水能力较强的地块。

（2）田间管理。①早大蒜出苗时可人工破膜，小雪之后浇1次越冬水，蒜瓣分化期应根据墒情浇水。蒜薹生长期中、露尾、露苞等生育阶段要适期浇水，保田间湿润，露苞前后及时揭膜。采薹前5d停止浇水，采薹后随即浇1次水，过5~6d再浇1~2次水。临近收获蒜头时，应在大蒜行间保墒，将有机肥施入畦沟，然后用土拌匀，以备播种秋黄瓜。②黄瓜苗有3~4片真叶时，每穴留苗1株，定苗后浅中耕1次，每亩施入硫酸铵10kg促苗早发。定苗浇水随即插架，结合绑蔓并行整枝，根据长势情况，适时对主蔓摘心。③菜豆定苗后浇1次水，然后插架。结荚期需追肥2~3次，每次施硫酸铵15kg/亩。

（3）病害防治。秋黄瓜主要病害有霜霉病、炭疽病、白粉病、疫病、角斑病等。可用25%甲霜灵500倍液、50%疫霜锰锌600倍液、75%百菌清600倍液、64%杀毒矾400倍液、75%可杀得500倍液等杀菌剂防治；菜豆的主要病害有黑腐病、锈病、叶烧病，可用20%粉锈宁乳油2 000倍液、40%五氯硝基苯酚与50%福美双1∶1配成混合剂、大蒜素8 000倍液喷洒防治。

3. 经济效益与适用地区

1994—1995年在苍山县（现山东省临沂市兰陵县）长城镇前王庄村采用该模式栽培，平均每亩收获蒜薹560.4kg和大蒜头618.5kg，其中大蒜头出口商品率高达75%，每亩生产蒜头和蒜薹平均收入2 581元。每亩生产秋黄瓜2 850kg，平均收入1 710元。每亩生产菜豆1 625kg，平均收入1 300元。每亩生产"三种"菜共计收入5 591元，一年"三种三收"比单作或"两种两收"增产30.6%~46.2%。

四、新蒜、春黄瓜、秋黄瓜温室蔬菜种植模式

1. 作床、施足底肥

在生产蒜苗前，细致整地，每亩一次性施入优质农家肥2m³，然后作床，苗床长、宽依据温室大小而定，床作好后，在床面上平铺10cm厚的肥土，上面再铺约3cm厚的细河沙。

2. 蒜苗生产

针对蒜苗春节旺销的情况，在 12 月 20—25 日，选优质新蒜，浸泡 24h 后去掉茎盘，蒜芽一律朝上种在苗床上。苗床温度 17~20℃，白天室温在 25℃左右，整个生长期浇 3~4 次水，当蒜苗高度达 33cm 左右，即可收割，收割前 3~4d 将室温降到 20℃左右。

3. 春黄瓜生产

定植前做好准备，即在蒜苗生长期间，1 月 10 日就开始育黄瓜苗，采用塑料袋育苗，55d 后蒜苗基本收割完毕，将苗床重新整理好，于 3 月 5 日定植黄瓜。

定植后加强管理，即在黄瓜定植后注意提高地温，促使快速缓苗。白天室温保持在 30℃左右。定植后半个月左右，搭架、定植 20d 后追肥硫酸铵 3kg/亩，方法是在离植株 10cm 的一侧挖 1 个 5~6cm 深的小坑，施入后随即覆土。在黄瓜整个生长期随水冲施 4 次人粪尿，灌 3 次清水，及时打掉植株底部老叶、老杈。黄瓜成熟后，要及时收获。

4. 秋黄瓜生产

7 月 15 日育苗，8 月 25 日定植；植株长至 5~6 片叶以后，主蔓生长，及时绑蔓。根瓜坐住后开始追肥，每亩追复合肥 20kg，追肥后灌水。灌水后，在土壤干湿适合时松土，同时消灭杂草；随着外界温度下降，注意防寒保暖。室内温度低于 15℃时停止放风。白天温度为 25~30℃，若超过 30℃要放风。夜间室温降至 10℃时开始覆盖草苫子，外界温度降到 0℃以下时，开始覆盖棉被保暖。从根瓜采收开始，每天早上采收 1 次。

五、旱地玉米间作马铃薯的立体种植模式

1. 种植方式

采用 65cm+145cm 的带幅（1 垄玉米，4 行马铃薯）。玉米覆膜种植，垄距为 66cm，垄内株距为 17~20cm，保苗量为 3.75 万株/hm^2；马铃薯行距为 35cm，株距为 25cm，保苗量约

为 3 万株/hm^2。

2. 栽培技术要点

（1）选地、整地。选择地势平坦、肥力中上的水平梯田，前茬为小麦或荞麦（切忌重茬或茄科连作茬）。在往年深耕的基础上，播种时必须精细整地，使土壤疏松，无明显的土坷垃。

（2）选用良种、适时播种。玉米选用中晚熟高产的品种，马铃薯选用抗病丰产品种。玉米适宜播期为 4 月 10—20 日，最好用整薯播种，如果采用切块播种，每切块上必须留 2 个芽眼，切到病薯时，用 75% 的酒精进行切刀、切板消毒，避免病菌传染。

（3）科学施肥。玉米于早春土地解冻时挖窝埋肥。每公顷用农家肥 45t（分 3 次施，50% 作基肥施入，20% 拔节期追肥，30% 大喇叭口期追肥）、过磷酸钙 375 ~ 450kg、锌肥 15kg，除作追肥的尿素外，其余肥料全部与土混匀，埋于 0.037m^2 的坑内。马铃薯每公顷施农家肥 30t、尿素 187.5kg（60% 作基肥，40% 现蕾前追肥）、过磷酸钙 300kg，除作追肥的尿素外，其余肥料全部混匀作基肥一次性施入。

（4）田间管理。玉米出苗后，要及时打孔放苗，到 3 ~ 4 叶期间苗，5 ~ 6 叶期定苗；大喇叭口期每公顷用氰戊菊酯颗粒剂 15kg 灌心防治玉米螟；待抽雄初期，每公顷喷施玉米健壮素 15 支，使植株矮而健壮、不倒伏，增加物质积累；马铃薯出苗后要松土除草，当株高 12 ~ 15cm 时（现蕾前）结合施肥进行培土，到开花前后，即株高 24 ~ 30cm 时，再进行培土，以利于匍匐茎多结薯、结好薯。始花期每公顷用 1.5 ~ 2.25kg 磷酸二氢钾、6.0kg 尿素兑水 300 ~ 375kg 进行叶面喷施追肥，在整个生育期内应注意用退菌特或代森锰锌等防晚疫病。玉米苞叶发白时收获；马铃薯在早霜来临时及时收获（图 1-1）。

3. 经济效益及适用地区

旱地玉米间作马铃薯近两年在甘肃省静宁县大面积示范，累计推广旱地地膜撮苗玉米间作马铃薯 171.13 hm^2，平均每公顷玉米产量为 3 522.0kg、马铃薯为 16 147.0kg。

图 1-1　旱地玉米间作马铃薯立体种植技术

六、麦套春棉地膜覆盖立体种植模式

1. 种植方式

采用麦棉套种的"3—1式"，即年前秋播 3 行小麦，行距 20cm，占地 40%；预留棉行 60cm，占地 60%；麦棉间距 30cm。春棉的播期为 4 月 5—15 日，可先播后覆膜，也可先盖膜后播种，穴距 14cm，每穴 3~4 粒，密度不少于 6.75 万~7.5 万株/hm²。

2. 栽培技术要点

（1）培肥地力。麦播前结合整地每公顷施厩肥 30~45t，磷肥 375~450kg；棉花播前结合整地，每公顷施厩肥 1.5t，饼肥 600~750kg，增加土壤有机质含量，改善土壤结构。

（2）种子处理。选好的种子择晴天晒 5~6h，连晒 3~5d，晒到棉籽咬时有响声为止；播前 1d 用 1%~2% 的缩节胺浸种 8~10h，播前将棉种用冷水浸湿后，晾至半干，将 40% 棉花复方壮苗一拌灵 50g 加 1~2g 细干土充分混合，与棉种拌匀，即可播种。

（3）田间管理。主要任务是在共生期间要保全苗，促壮苗早发。花铃期以促为主，重用肥水，防止早衰。在麦苗共生期，棉花移栽后，切勿在寒流大风时放苗，放苗后及时用土封严膜孔。

苗齐后及时间苗，每穴留 1 株健壮苗。麦收前浇水不要过大，严防淹棉苗，淤地膜，降低地温。

在小麦生长后期，麦熟后要快收、快运，及早中耕灭茬，追肥浇水、治虫，促进棉苗发棵增蕾。春棉进入盛蕾—初花期时，应及早揭膜，随即追肥浇水，培土护根，促进侧根生长、下扎。

在棉花的花铃期，以促为主，重追肥、浇透水。7 月中旬结合浇水每公顷追施尿素 225kg。在初花期、结铃期喷施棉花高效肥液同时在花铃期要保持田间通风透光，搞好病虫害防治，后期及时采摘烂桃。

七、麦套花生粮油型立体种植模式

麦垄套种花生种植模式在豫北地区迅猛发展，已成为该地区花生栽培的主体模式，该模式可以提高复种指数，充分利用地、光、热、水资源。

1. 种植方式

（1）小麦大背垄套种花生。小麦成宽窄行种植，大行距 30cm，小行距 10cm。大行于翌年 5 月中旬点种一行花生，相当于行距 40cm，穴距 19～21cm，12 万～12.75 万穴/hm²，每穴双粒。这种种植方式小麦充分发挥边行优势，提高产量。背垄宽，便于花生实时早点种，保证其种植密度和点种质量，以便在行间开沟施肥、小水润浇、培土迎针等操作管理，夺取花生高产。此方式适合水肥条件好的高产区。

（2）小麦套种花生。翌年 5 月中下旬每隔两行小麦，点种一行花生，行距 40cm，穴距 18～20cm，12.75 万～12.75 万穴/hm²，每穴双粒。这种方式便于小麦播种，能合理搭配行株距，花生行宽田间操作方便。适合中高等肥力水平的产区。

（3）宽窄行套种。用 40cm 宽的三条楼常规播种小麦，翌年 5 月中下旬点种花生，每隔一行背，点两行背垄，花生宽行距 40cm，穴距 20～22cm，15.0 万～16.5 万穴/hm²，每穴双粒，该方式保证小麦面积的前提下，以宽行间操作管理花生，适合中、下等肥力水平地区。

2. 栽培技术要点

（1）早施肥料、一肥两用。早春结合麦苗中耕，施入腐熟农家肥 $30t/hm^2$、尿素 $150\sim225kg/hm^2$、过磷酸钙 $300kg/hm^2$，开沟条施或穴施于准备套种花生的麦垄间，既作为小麦返青拔节肥，也作为花生底肥。

（2）品种选择。小麦应选用矮秆、紧凑、早熟、高产品种。花生选用直立型、结果集中、饱果率高、增产潜力大的品种。

（3）花生田间管理。苗期管理以培育壮苗为重点，苗壮而不旺。小麦收后应及时中耕灭茬，松土保墒，除草；花荚期管理以控棵保稳长为重点。①看苗追肥，计对苗情，有选择地施肥。②盛花期适追硫酸钙，增加花生生长所需的钙、硫。③培土迎果针，加速果针尽早入土结果。④浇好花果水，以增花增果；饱果期管理的重点是最大限度保护功能叶，维持茎枝顶叶活力，以防早衰烂果，提高饱果率。

花生的虫害主要有蚜虫、红蜘蛛、蛴螬，可根据虫害发生的程度喷洒不同浓度的三氯杀螨醇等农药进行治疗。花生的主要病害有花生茎腐病、花生叶斑病和花生黄化症等。

第三节 生态农业模式概况

开发建设种植业和养殖业生态农业循环经济时，种植业推广稻田养蟹、蟹田种稻、稻田养鱼等多层利用的主体种养模式。一是高效立体农业技术，如"顶林—腰果—底谷—塘鱼"模式技术，可重点在南方丘陵山区推广应用；二是沼气综合利用技术，包括"猪—沼—果""猪—沼—稻""猪—沼—鱼""猪—沼—菜"等；三是北方"四位一体"生态农业模式技术；四是小流域综合治理技术；五是农业废弃物的资源再生技术和环境污染的综合整治技术等。通过上述生态农业模式的广泛推广应用，必将对增加我国食品数量、提升食品质量起到积极作用。

一、种植养殖和沼气池配套组合的生态农业模式

在一定面积的土地上种植农作物，同时建立适度规模的家畜养殖场和沼气池；农作物秸秆和家畜排泄物进入沼气池产生沼气，向农户提供生活能源；沼气池的出料口通向农田或建设蔬菜棚，有机物经过发酵成为高效肥料。在这种模式中，农作物的果实、秸秆和家畜排泄物都得到了循环利用，不但输出了各种优质农产品，还提供了清洁能源，综合效益非常可观（图1-2）。

图1-2　种植养殖和沼气池配套组合的生态农业模式

二、动植物共育和混养的生态农业模式

根据一些动植物之间的共生性和互利性，对它们进行共育和混养，由此建立起一种生态农业园。例如，将鸭子圈养在稻田里，可以实现鸭、稻互利互惠。鸭子以田内杂草和害虫为食，并四处排粪，从而完成为水稻除草、治虫、施肥、中耕等任务。整个过程不使用或很少使用化肥农药，大大减轻了农民的劳动强度，而且生产出来的产品无污染、无毒害、安全、优质；不仅使水稻增产，品质提高，而且养鸭收入也很可观。

稻田养鱼在我国南方和北方均已普遍推广（图1-3），其具体措施是在水稻插秧返青后对稻田灌水，并放养一定量的食草鱼苗；实施晒田施肥或防治病虫害等管理时，将鱼苗随水放入水沟内；收稻时将鱼捞出再转入精养鱼塘。稻田养鱼中，水稻为鱼提

供了遮阴、适宜的水温和充足的饵料；而鱼为稻田除草灭虫、充氧和施肥；稻田中大量的杂草、浮游生物和光合细菌在产品转化等方面发挥了重要作用。稻、鱼共生互利，相互促进，形成良好的共生生态系统，促进了养殖渔业的发展，提高了土壤肥力。

图1-3　稻田养鱼

第二章　林果种植推广新技术

第一节　农林复合型发展模式

近年来，发展中国家的农村人口增加，水土流失严重，生态环境恶化。在联合国粮食及农业组织和世界银行的支持下，农林复合系统发展迅速，组合项目不断增加，从小规模农村结合的土地利用，逐渐发展形成规模较大的区域性气候、地形、土壤、水体、生物资源的综合利用。人工设计多年生木本植物（用材林、经济林、防护林等）与农作物（粮食、油料、蔬菜和其他经济作物）的各种间作模式，使之成为物质循环利用，多级生产，稳定高效的农林复合循环生态系统。该类型按照生态经济学原理，使林、农、药、菌等物种的特点通过合理组合，建立各种形式的立体结构，既能够达充分利用空间、提高生态系统光能利用率和土地生产力的目的，又能够形成一个良好的生态环境。这是我国普遍存在的一种主要类型。

一、以山林为基地、种养相结合的生态农业园

这种模式在山区比较适用。山上种植经济林、果木或其他经济作物，同时培育香菇、木耳，放养山鸡等家禽或养殖其他牲畜，输出木材、水果、香菇、木耳、鸡、肉、蛋等产品，输入饲料和一些农用生产资料，使资源得到综合利用和循环利用。

二、间作、种养结合模式

在采用果、草、药、菜、粮间作，有效地提高丘陵旱垣地区

种植效益的基础上，按比例配置猪、鸡、羊，这样既能够利用动物的粪便使草产量大幅度提高，又能够利用产出的牧草供给动物作饲料，以此获得更大的经济收益。

三、山地果园生态护理及综合开发的基本模式

针对山地果园水土流失严重、易受干旱影响、不利于果园可持续发展的实际，采取综合技术集成，促进果园资源要素的循环利用，在果园中种草储摘（防水土流失、改善果园生态）→以草养鸡→鸡屎肥园→鸡吃虫草→减少病虫害→提高果品质量；果园中建立蓄水池→自然山地集雨→旱季灌溉果园。这种模式已成为山地果园资源循环利用的有效模式之一。

四、林下（果园）种草养鹅模式

林下（果园）种草养鹅模式是指在疏林、幼林或果园下面种植牧草刈割或放牧养家禽的一种模式，尤其是在当前，退耕还林地和坡地新建果园是实现生态、经济、社会效益有机结合的有效措施。

林下（坡地果园）种草后，由于草被植物生长迅速，增加了植被覆盖尤其是贴地覆盖，可有效覆盖地表，减轻雨水对地表的侵蚀作用，从而保持水土。据1999—2001年贵州省独山县新建坡地果园种草试验测定，当年植被覆盖率即可达82%以上，翌年植被覆盖率可达95%以上；林下（坡地果园）种草模式的径流量与林下（坡地果园）不种草相比当年减少28.5%，泥土冲刷量减少72.8%，翌年径流量减少36.5%，泥土冲刷量减少95.5%，基本无水土流失发生。

林下种草可以改善林地或果园小气候，增加土壤有机质含量，提高土壤肥力，抑制杂草，促进林木和果树的生长发育。据测定，果园在有生草覆盖下，冬季地表温度可增加 1~3℃，其中 5cm 土层增加 2.5℃，20cm 土层增加 1.5℃左右；夏季可使地表温度降低 5~7℃，其中 5cm 土层降低 2~4℃，20cm 土层降低

1.5~1.8℃；林下（坡地果园）种植白三叶5年后，土壤有机质由0.5%增加到2%，提高了土壤肥力。

五、林下（果园）种草养鸡模式

果园养鸡可以进一步发掘果园生产潜力，为实现果园立体种植、养殖，使果园生产进入良性生物循环的轨道作了实践，并取得满意的结果。果园养鸡较笼养的主要优点：减少饲料消耗；可改全价饲料为粗饲料；可避免鸡在夏天因高温、高湿、通风不良引起的疾病；有效避免微量元素、维生素缺乏，不用单独补饲沙粒。果园养鸡为果园带来很多益处。鸡群在果园自由地啄食，能消灭大量杂草种子、嫩尖、嫩叶，各种虫卵、蛹及爬行昆虫、近地表飞虫（如蛴螬、金龟子、行军虫、大叶青蝉、食心虫、蚂蚱、蟋蟀及各类毛虫）等；可制约剧毒农药在果园的施用，为生产绿色果品创造条件；促进果园生草制的推行和实行树盘覆盖，起到肥地、保水、减少水土流失的作用。同时可以利用鸡粪肥树，减少果园化肥用量，并能提高果园经济效益，促进生态农业的发展（图2-1）。

图2-1　林下（果园）种草养鸡

果园养鸡分两个阶段，即育雏期和放养期。育雏期指出壳后的1个月内的笼养阶段。通过精心对鸡舍温湿度控制、喂小鸡饲料、疫苗接种和疾病的及时防治，可安全渡过育雏期。1个月后（在春、夏季也可饲喂3周后），可以逐步地在白天把小鸡放到户外接受锻炼。放养期。放养前需逐日训练1周左右。路线可由近到远，轮流地块，由专人引路，通过吹号或敲击物件来传递号令，最好把鸡群能训练成类似羊群那样。在放养期间，每天早晨去果园前进食少许，晚上进舍前要补充饲料，总量可比笼养鸡省一半。放养期长短依具体情况而定，供试的轻型公鸡全放养期为2~3个月。

果园养鸡对环境有所要求，主要是对果园树种选择的要求。根据试验，以干果、主干略高和田间喷药少的果园为佳。最理想的是核桃园、枣园、柿园等。这些果树定干较高，果实结果部位也高，果实未成熟前坚硬，不易被鸡啄食。其次为山楂园，因山楂果实坚硬，全年除防治1~2次食心虫外，很少用药。葡萄园全年主要使用低浓度、低毒的杀菌剂农药防病害，对鸡的毒害小，但葡萄是浆果，易受鸡啄食，可对鸡作断翅小手术后进行放养。在苹果园、梨园、桃园养鸡，应简化果树品种，放养期应躲过用药和采收期，以减少对鸡和果实的伤害。

为便于鸡在果园较易摄取食物，应做到以下几点。

1. 行间种牧草

行间种多年生豆科和禾本科带匍匐性的牧草百脉根、美国苜蓿、红豆草、鸭茅等。这些牧草在春天萌发早，根茎处簇拥的小分枝极多，鸡爱吃其嫩叶嫩尖，营养丰富。同时这些牧草又都具备多次刈割再生习性，刈割的青枝叶经晒干粉碎可作为营养丰富的饲料添加剂。到了秋季，这些牧草根茎处又萌生许多分枝嫩芽，青草期可到10月末，可长期供鸡食用。有意地将鸡爱吃的自然野生杂草进行选留和繁育，以满足鸡择食的需要；对鸡不爱吃的恶性草应及时拔除，以免影响果园的通风透光。根据果园空间、果实采收期早晚、自然降水早晚和多寡，因地制宜，合理布局，见缝插针播种一些矮秆、生长期短的豆类和禾谷类作物，以补充鸡食的不足。播种时应与树冠投影保持一定距离，减少作物与果树争水争肥的矛盾。

2. 果园禁止使用剧毒农药

一些剧毒有机磷农药，如"1605""1059"等，若在果园施用，就会使鸡群易累积中毒，应杜绝使用。喷一般农药后，也应在残效期过后再开放果园。应采取积极有效的办法不断地开展生物防治和综合防治，如使用性诱剂、灯光诱杀、树盘松土、刮老翘皮以及应用生物农药等。

3. 果园必备设施的建造

育雏室年供 1~4 批鸡，每批育雏 1 个月，兼办理育雏销售，形成集约化生产。鸡舍可因地制宜，依山靠崖，挖小窑洞或建立日光温室、大棚，外围有活动场所。田间需加盖凉棚作为饮水和避雨场所，凉棚周围用豆科、葫芦科植物遮阴。鸡舍门宜宽、宜多，以避免早晨开门后鸡群争相拥出，产生挤伤踩死的现象。

4. 效益分析

果园养鸡的效益随集约化的进程而提高。例如，果园限于资金、时间、人力，仅养 1 100 只轻型公鸡，纯以试验探路。经统计，每只鸡纯收入 1.55 元。果园养公鸡一年可分 2 批进行，依果园大小每批在 1 000~5 000 只。规模过小，经济效益不明显。以鸡的类型区分，轻型鸡体较小，爱活动，行动敏捷，便于在田间觅食，在果园放养较合适。养公鸡，雏鸡价低，出栏快，投资少，资金周转快但效益较低；养母鸡，雏鸡价贵，产蛋期需精饲料，但产值大，周期长，投资多，还有蛋的收集问题。围绕果园养鸡可衍生出建立饲料加工厂及屠宰、加工、销售多业的发展，增值途径很宽，并可就地解决农村剩余劳动力就业。从生态农业来讲，果园养鸡和推行生草制能使良性的生物循环在果园中成为现实，其产生的社会效益将是很大的。

第二节　果树立体生态种植模式

随着人类的开发和利用，生态环境正逐渐恶化，已受到全世界的关注。在世界环境保护的呼声越来越高的形势下，改善不合理种植方式、建立科学合理的立体生态种植模式是我国农业发展向着生态化、可持续方向发展的目标，果树立体生态种植模式正是顺应这一趋势而产生的事物。

立体生态种植模式采用以果为主，果蔬、果瓜、果草、果药间作的模式。按照不同间作类型，进行不同比例的栽种。间作主要包括马铃薯、苜蓿等作物，以一至四年生的作物和五至七年生的作物为主。根据土质、地形来配置栽植密度。

以草生栽培为例，在果园的梯埂上种植黄花菜，在园面上套种有豌豆、黄豆等豆科植物、保护并改良果园土壤。栽植密度有3m×5m、2.5m×3m 两种。前者的株行距间主要适用于马铃薯、大葱、蒜等间作物；后者的株行距间可以更好地提高前期产量到盛果期后产量。通过改造的果园，山地水利设施配套齐全、水土保持良好、植物种群多样、果园生态环境大大改善，有效地促进了果业的可持续发展。

一、技术效果

1. 增加单位面积土地的利用率

采用立体生态种植模式的农作物产量偏低，但间作物的产量普遍提高，增加了单位面积土地的利用率，对土壤结构和果蔬的生存环境有所改善。随机取样 5 株树，每株从不同部位取 10 个枝条进行测定，按照果品等级、重量、箱装进行分类，其中杏、李一级果在 70g 以上，二级果在 60~70g；桃子一级果 350g 以上，二级果 300~350g；柿子一级果 150g 以上，二级果 120~150g。

2. 果树生长发育的可控性增强

果树立体生态种植模式可以通过专业标准化配方的开发，为果园提供最科学的矿质元素供应管理，不会像单一栽培模式一样，施肥难以精准化。例如，福建永安市西洋镇立体种植园区在进行了土壤检测后，根据计算结果得出了配方施肥方案：初果期每株施入腐熟厩肥50kg，盛果期为80kg；初果期施入尿素0.26kg/株，盛果期0.38kg/株，其他如硫酸二铵、硫酸钾等也要相应调整。在同一个单位土地栽植中，每株果蔬的长势都更加均匀，由于使用了与果蔬特性相对应的肥水管理，单株差异少，树相整齐，产量与品质相对统一。同时，也可以根据果蔬的生长发育阶段与生理需要，灵活配制营养液，调节浓度，如针对近成熟期可以通过提高营养液浓度来增加肥力，或添加生长调节剂促进果树的生长发育。经过这种肥力技术进行栽培的果蔬和间作物都收到了很好的效益，比单一采用青果或者农作物种植模式的收入明显增加。

3. 果品等级明显提高

立体生态种植模式的果品等级明显高于清耕果园的果品等级。由于立体生态种植模式下果园生态环境更好，果蔬更加能被激发出生长的潜力，形成的果形品相端正、单果重、产量均有所增加。再加上立体生态种植模式下的果园内湿度适应，果色比单一种植模式的果品色彩更加亮丽，含糖量也增加，果品耐贮性非常好，不易发生变质、干裂、衰败等情况，果品的外观和品质都能得到保证。

果农在果园中立体养殖鸡、鸭等家禽和套种经济作物的现象已经比较普遍。打破了传统的农业生产模式，一年四季都有收成，还可以使资源再利用，生态环境得到有力保护，大力推进了立体生态果园种植模式。

二、发育情况

从自然灾害的抵抗力来看，不同果树品种，适应性不同。同时，管理到位与否也会影响到果蔬的发育。加强幼小果蔬的护理和管理，对于果蔬的生长非常重要。

土壤的质量对于果蔬的发育也很关键，实践证明，不同系统、温度、深度的栽植会影响立体种植规模。通过在 6 时与 14 时的测量，土壤温度的变化幅度均以立体种植模式最小，说明该模式下土壤的热密度大、土温稳定，而空气湿度也比清耕或单种模式提高 1.2%~1.7%，属于最有利于果蔬和农作物的根系生长的环境。

空气湿度在立体种植模式下保持得较好，因为立体种植模式的密度可以保持空气湿度不散发，有利于果蔬的生长发育。

三、效益情况

从生态效益看，立体生态种植对于耕地的利用率非常高，可以多层次、多项目地利用单位土地的资源，提高综合生产力，有利于生态平衡，形成稳定的生态系统。从经济效益上，立体生态种植模式增加了单位土地面积上果蔬的产量，而且降低了生产成本。从社会效益上看，立体生态种植模式可以提供更加丰富的农副产品，解决社会过剩劳动力就业问题。从发展前景看，立体生态种植模式增加了果蔬的光合作用，扩大光合面积，提高果蔬的光能利用率，土壤的养分被更加合理的利用起来，对于增加单位面积的果蔬产量和质量，实现农业增长有很大的意义。总之，立体生态种植模式的经济效益很高，如种植豆类和牧草提高了土壤肥力，种植蔬菜收益高，种植蒜类增强防虫能力，种植高大果树和低矮果树等形成搭配合理的态势，值得大力推广。

当前我国农业正处于从传统农业向现代化农业升级转型的关键时期，果树立体种植模式带来的不仅是广阔的发展前景，还有更多的经济效益，也为我国由产品单一、供给短缺的农业发展态势转向产业化经营、适应市场需求的强质产业转变提供了有力的支持。

第三章　畜牧养殖推广新技术

第一节　草畜业循环模式

草畜业循环模式是指草畜业同步发展，可以体现草业的独特作用和提高牧业对资源的转化功能。发达国家草地牧业占农业总产值50%以上，有的高达80%，而我国仅占10%左右。黄土高原区发展草食节粮型畜牧业潜力很大。

种植业是利用植物的生理机能，通过人工培育把土壤中水分养分和太阳能转化为农产品的社会生产功能部门；而畜牧业则是利用动物的生理机能，通过饲养繁殖把饲料（饲草）转化为畜产品的社会生产功能部门。它们共性之处都是受一定自然条件制约，同时也受社会经济条件的制约，都是有生命的繁衍和发展，受遗传基因的影响，农畜产品都是人类生存的基本物质条件和轻工业及医药原料。饲料和肥料是连接种植业与畜牧业的桥梁和纽带。农牧业结合的基本功能是通过生物链、产业链和食物链，即生态系统能量流动和物质循环的持久运转，实现资源转化、经济增值、培育地力，优化生态环境、满足社会需求和保护人类健康。为此，建设有中国特色的现代农业必须坚持农牧结合方针，充分发挥畜牧业的转化功能。草食家畜（牛、羊）在生态农业中的特殊功能和重要地位：一是能充分、合理和科学转化利用牧草和秸秆资源，节约能量籽实饲料、净化环境、变废为宝；二是能利用尿素等非蛋白质化合物，节约豆科饲料；三是提供优质有机肥料，促进农业优质高产、稳产；四是农牧结合能促使生态农业中物质和能量良性循环，增加生态经济中的附加值；五是光能和生物能的利用率高，草可把光能尽快转化为化学能。养奶牛能将饲料中 17%的能量、13%以上的蛋白质转化到奶中，农牧民养 1 头高产奶牛，每年可获纯收入 5 000~6 000 元，如果养肉牛进行牛系列产品加工，效益也十分可观。种植业（草业）与畜牧业是相互依赖、相互制约的，是自然再生产与经济再生产交织在一起的产业。农牧结合是土地、种植业和畜牧业"三位一体"的农业生产，综合利用自然资源，提高资源的利用率和产出率，以求得最佳的经济效益、社会效益、生态效益，促进种植业与畜牧业协调发展。经济效益决定了农牧结合的具体形式及结构发展变化趋势，社会效益决定了农牧结合的前提条件，而生态效益则是决定了农牧结合能持续发展的依据。只有三者协调统一，才能确保农牧业的稳定、协调、高效和可持续发展。

建立现代化草地畜牧业综合体系。加强生态建设，发展生态畜牧业，是一项极其复杂的系统工程。既要保护生态环境，使草地的生态功能充分发挥，同时也要考虑牧区广大牧民群众生活水平的不断提高和社会经济的不断繁荣，这就必须寻求一个使生态、社会和经济共同发展的结合点。这个结合点只能是建立完整的现代化草地畜牧业综合体系，即天然草地—人工草地—合理畜群结构—饲草饲料加工—半舍饲和舍饲的模式（图 3-1）。

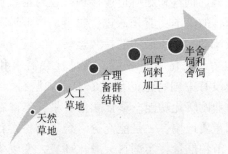

图 3-1　草地畜牧业循环模式

一、天然草地

由现在的放牧利用主体逐步过渡到辅助位置，特别是退化较重的草场应禁牧封育；对夏场宽余的地区，在夏季要多利用，冬春季少利用。加强退化草地的恢复与重建。对现有的退化草地，应加大科技和资金投入，深入研究草地退化的原因与机理，针对不同退化程度和不同的地域特点，提出不同的治理方法和措施：第一，应对草地资源进行全面规划，确定放牧强度，适时转场，防止乱牧、抢牧，保证冬春草场植物的休养生息。第二，对退化严重的草地，进行禁牧，实行封滩育草，在条件较好的地段，建立优质高效的人工草地。第三，对鼠害严重的地区，进行灭鼠和补播。第四，对中度退化的草地应采取松耙补播和灭杂等工作，加速种群恢复。牧草是发展草地畜牧业的物质基础，除天然草地提供部分牧草外，要千方百计地扩大饲草和饲料来源、维护草地畜牧业的可持续发展，就要发展牧草的产业化。

二、人工草地

首先需要进行优良牧草种质资源的调查、选育和引进，建立优质、高产、高效的人工草地和走农牧耦合的道路，充分利用人工草地的牧草和农区提供的秸秆，贮备充足的饲草、饲料。在保护草地生态环境和发展草地畜牧业的同时，加强对经济动、植物的开发和利用，特别是在建立人工草地时，还可以多考虑栽培那些多用途的经济植物，以增加经济收入，提高牧民群众的生活水平。例如，福建省厦门民惠食品有限公司与国戎生物经济研究所协作，在比较贫瘠的山坡上种植高产的哥伦比亚皇竹草，打浆喂猪，节省精料14%，同时用天然植物提取物替代抗生素类、激素类饲料添加剂，猪粪尿污水经发酵后抽灌到牧草地施肥，取得良好的经济效益，并向市场提供无公害猪肉。

三、合理畜群结构

经牧民的多年试验，在畜群结构上除保留配种公羊外，不再保留公羊，留足繁殖母羊，并适时淘汰老母羊，使畜群始终保持旺盛的生产能力。

四、饲草饲料加工

各地区可根据实际情况，以村或乡建立小型饲草饲料加工厂，将人工草地所产牧草和农区提供的秸秆加工成颗粒饲料，以备舍饲利用。

五、半舍饲或舍饲

充分利用广大牧区现有的暖棚，进行适当的改建，先对当年羔羊和淘汰母羊进行强度育肥，加速出栏；再经过 3~5 年的建设，可望实现全舍饲，届时不但天然草场的利用强度会大大降低，而且家畜的出栏率和商品率也会大幅度提高，广大牧民群众的生活水平也会得到改善。根据中国科学院对当年公羔和淘汰母羊的强度育肥试验，当年公羔每天增重约 0.25kg，经 2 个月育肥，体重可达 25kg 以上，胴体重达到 15kg 以上；而淘汰母羊的育肥结果更令人满意，完全达到上市标准。

草畜同步发展，建立牛羊养殖小区，实行规模化、科学化、标准化养殖，程序化免疫，产业化经营，是今后畜牧业发展的必由之路。

第二节　畜禽立体循环养殖模式

立体循环养殖是现代畜牧业发展的必然方向，动物间综合利用饲料，促进畜禽的快速生长，降低饲料成本，既缓解了我国人畜争粮的尖锐矛盾，又减少了环境污染，保护了生态平衡，具有显著的经济效益和社会效益。我国适用的典型立体循环养殖有以下几种（图3-2）。

一、鱼—桑—鸡

池塘内养鱼，池塘四周种桑树，桑园内养鸡。鱼池淤泥及鸡

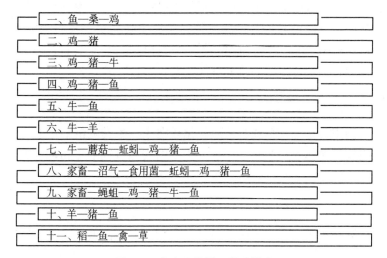

一、鱼—桑—鸡

二、鸡—猪

三、鸡—猪—牛

四、鸡—猪—鱼

五、牛—鱼

六、牛—羊

七、牛—蘑菇—蚯蚓—鸡—猪—鱼

八、家畜—沼气—食用菌—蚯蚓—鸡—猪—鱼

九、家畜—蝇蛆—鸡—猪—牛—鱼

十、羊—猪—鱼

十一、稻—鱼—禽—草

图3-2　畜禽立体循环养殖模式

粪用作桑树肥料，蚕蛹及桑叶喂鸡，蚕粪和鸡粪喂鱼，使桑、鱼、鸡形成良好的生态循环，效益大增。试验表明，每500kg桑叶喂蚕，蚕粪喂鱼增鱼产量25kg，桑园内养20只鸡，年产鸡粪1 700kg，相当于给桑园施氮肥18kg、磷肥17.5kg。

二、鸡—猪

用饲料喂鸡，鸡粪经发酵等再生处理后喂猪，猪粪是农田的良好肥料。一般年初至年终每40只肉仔鸡鸡粪可养1头肥猪（以仔猪断奶至育肥150kg左右）。

三、鸡—猪—牛

用饲料喂鸡，鸡粪再生处理后喂猪。猪粪处理后喂牛，牛粪是农田肥料，这样大大减少了人畜争粮的矛盾，有效地降低了饲料成本，提高养殖业的经济效益。

四、鸡—猪—鱼

用饲料喂鸡，鸡粪喂猪，猪粪发酵后喂鱼，塘泥是农作物的良好肥料，从而形成了良性循环的生物链，达到了粮增产、猪鱼饲料成本下降的目的。试验表明，年养 100 只鸡，其鸡粪喂猪，要增长猪肉 10kg 左右，猪粪喂鱼可增捕成鱼 50kg 左右，加上塘泥作肥料，合计多获利 1 000 元左右。

五、牛—鱼

利用野草、稻草或牧草经氨化后喂牛，牛粪发酵后喂鱼，然后再清塘泥作农田肥料。一般两头牛的粪即可饲喂 1 亩塘鱼，年增产成鱼 200kg 左右。

六、牛—羊

利用牛吃高草，羊吃矮草的特点，对有限的草场实行轮流双层次放牧，先放牛，后放羊，大大提高了草牧场的利用率和经济效益。

七、牛—蘑菇—蚯蚓—鸡—猪—鱼

利用野草、稻草或牧草喂牛，牛粪作蘑菇培养料，蘑菇收后的下脚料培育蚯蚓，蚯蚓喂鸡，鸡粪发酵后喂猪，猪粪发酵后养鱼，养鱼塘泥作肥料。

八、家畜—沼气—食用菌—蚯蚓—鸡—猪—鱼

秸秆经氨化、碱化或糖化等方法提高饲料营养价值后饲喂家畜，家畜粪便和饲料残渣用来制取沼气或培养食用菌，利用食用菌下脚料养殖蚯蚓，蚯蚓喂鸡，鸡粪发酵后喂猪，沼气渣和猪粪养蚯蚓，残留物养鱼或作肥料。

九、家畜—蝇蛆—鸡—猪—牛—鱼

饲养家畜的粪便实行人工喂蝇蛆，蝇蛆是鸡的高蛋白质饲料。鸡粪再生处理后喂猪，猪粪经发酵后喂牛，牛粪喂鱼，鱼塘淤泥等是农作物的优质有机肥料。

十、羊—猪—鱼

用草饲喂奶山羊，羊奶喂猪，猪粪发酵后喂鱼，养鱼塘泥作肥料。一般每只奶山羊每天可产奶1.53kg，可作5~10头猪的蛋白质饲料。

十一、稻—鱼—禽—草

将鱼苗或雏鸭、雏鹅放入稻田，利用鱼和鸭、鹅旺盛的杂食性和不间断的活动，吃掉稻田内的杂草、害虫，按摩、刺激水稻植株分蘖，产生浑水肥田的效果。由于杂草、害虫及时被鱼、鸭、鹅吃掉，稻田里不必再施农药；共作期间一只家禽排泄在稻田里的粪便在10kg以上，鱼、鸭、鹅的粪便直接作为水稻肥料，稻田可少施肥；又由于水稻生长过程中，稻田一直蓄着水，不需要放水干田，很少有水浪费，和常规稻田相比，可节约水资源40%以上。稻—鱼—禽共作模式因其不施或少施化肥、农药，不仅大大节省了成本，增加了地力，而且野生植物乃至整个生态环境都能够得到很好的保护。稻—鱼—禽共作后，可以继续进行禽—草共作。在稻—鱼—鸭共作地块上，待稻子收获后放掉水，种上牧草，牧草生长后，投放适当数量的雏鹅进行露天养殖。根据鹅的生长规律，通常可以养3~4批，到水稻栽插前结束。一般每亩牧草地可养60~80只鹅。同一块地里，冬、春两季鹅—草共作，夏、秋两季稻—鸭共作，形成良性循环。稻—鱼—禽—草共作模式具有良好的生态效益和社会效益。据历年水稻收割后土样测定分析，种草养鹅喂鱼后的土壤肥力与未种草养鹅喂鱼前的土壤肥力有较大增加，实行稻—鱼—禽—草共作模式不仅减少了冬作稻生产使用农药所产生的残留，而且培肥了地力，减少了水稻生产中化肥的用量，对促进我国生态农业的可持续发展及其绿色食品的开发利用具有重要作用。此外，稻—鱼—禽—草共作模式不仅具有诱人的生态效益、社会效益，更有令农民心动的经济效益。

第三节 规模化养殖场模式

一、规模化养殖场现状

随着集约化和机械化程度的提高，畜牧场规模越来越大，在广大农村，城郊接合部出现了越来越多的畜牧村、规模养殖小区及千头牛场、万头猪场、百万只鸡场等。规模化养殖场引起的环境问题已成为一个不可忽视的现象。在某种程度上，已经超过了工业污染。由畜牧业引起的环境问题主要包括水质污染、空气污染、噪声污染等。规模化养殖场往往由于受资金短缺等问题的影响，很多都没有配套相应的环保治理设施，其产生的粪便污水多是未经过处理或进行简单处理后就直接排放到外环境中，并通过周围水渠河道造成地表水及地下水的污染。这往往导致养殖场附近恶臭熏天，蚊蝇滋生，细菌繁殖，疫病传播。据有关资料显示，养殖场可以产生甲烷、有机酸、氨、硫化氢、醇类等200多种恶臭物质，严重危害人体健康。

传统型的养殖场把污染物和废物大量的排放出去，对资源的利用是粗放和一次性的，因而产生的环境问题是显而易见的。但遵循循环经济发展模式的生态型养殖场则不同，其整个系统基本不产生或只产生很少的废弃物，对周围环境影响很小。

循环经济能保证资源充分利用。生态型养殖场组成了"资源—产品—再生资源"的物质反复循环流动的过程，使资源得到了充分的利用，养殖场产生的各类废弃物可以经过再加工成为高效的有机肥料，饲料、沼气等为人们利用的再生资源。如今人们越来越深刻地认识到"废物是放错地方的资源"，废物再利用产业的兴起是人类社会步入环境文明时代的标志，是历史发展的必然趋势。

传统规模化养殖场环境污染危害很大，严重地影响群众正常的生产生活，甚至造成畜禽传染病和人畜共患病的广泛流行，直接威胁人畜生命安全，限制了畜牧业的长远发展，其粗放型经营的方式致使畜牧业长期处于高成本运行、低效益产出的落后局面。而发展循环经济正是综合考虑其经济效益、社会效益和生态效益，追求生态平衡和可持续发展的最佳选择，有利于实现养殖业的长足发展。

当前，人们对畜牧业的认识已由传统畜牧业观念向现代畜牧业观念转变，从单纯的动物饲养小循环扩大到整个畜牧业生态经济的大循环圈。规模化养殖场发展循环经济已势在必行。在规模化养殖场发展循环经济可以向更深层次方向拓展，形成集生产饲料、畜禽、畜禽产品的加工以及运用生物技术和现代工程技术的深加工、创造型加工于一体的种、养、加、商、运与教、科、文紧密联系的一体化产业系统，推动规模化养殖向循环经济和可持续发展模式迈进。

二、规模化养殖场循环经济模式

（一）规模化养猪场的循环经济模式

规模化养猪场可以重点推广猪—沼—草生态养猪模式，建设相配套的具有一定容积的沼气池，再建设相配套面积的能吸纳污染物的杂交狼尾草基地的模式。杂交狼尾草是一种吸肥能力很强的耐肥植物，适合在我国种植生长，蛋白质含量高，又可以作为猪的饲料，仔猪饲养至 1 个月后，就可开始按 4∶1 的比例喂杂交狼尾草，据示范猪场提供的数据资料和经验表明，采用猪—沼—草模式具有下列好处和效益：一是可以节约猪饲料，每头猪可节约饲料 20%～50%，即每头猪可节约 50 元左右饲料款；二是可以提高生猪销售价格，喂草的猪体质增强，疾病减少，有利于生猪防疫和降低防疫成本；三是可以提高生态环境效益。实行猪—沼—草生态养猪模式，实现零排放，实现闭路循环，减少对水体环境的污染压力。

（二）规模化养鸡场的循环经济模式

下面运用循环经济的减量化原则、再利用原则、再循环原则对规模化养鸡场进行分析。

1. 减量化原则的运用

（1）在建筑设计方面，如鸡舍，均设计为 12~13m 跨度、50~130m 长度，一律为砖混结构，地面和墙壁均用水泥粉刷易于清扫和消毒，减少冲洗水量，从而减少污水排放量。

（2）在饲养方式方面，实践证明，在肉种鸡上推行的"两高一低"立式饲养方式，有利于鸡粪与鸡只分离，有利于防止鸡粪发酵而产生有害气体，也有利于节省垫料，降低饲养员劳动强度，并可适当增加饲养密度（由原来的每平方米 3.6 只提高到现在的 4.8 只），同时，还可大大改善种鸡生存小环境的空气质量，确保鸡群健康。

（3）改进环境控制方法，减少环境污染。如原来鸡舍内的通风，采用横向换气法，鸡舍内空气的清新度难以保证。现在，统一改为纵向负压通风。这样，风机开启时就使整幢鸡舍成了一个通风巷道，除进风口外，使室内产生的含有氨气、硫化氢和其他恶臭的污浊空气得到排放，同时又能使鸡舍外的新鲜空气及时向室内补充，从而保证了鸡群健康。在电源开关上，安装定时器，根据鸡龄大小及外界温度的变化，设定风机开启的次数和持续时间。

（4）孵化厅环境控制和污染处理。引进中央空调设备，对夏冬两个极端季节，进行自动化调控，同时在孵化厅顶部安装密闭风管，实行空气定向导流，使孵化、出雏过程中产生的污浊空气和雏鸡绒毛，通过管道借助于风机排出，出口处同时装有高压喷淋装置，将废弃物打湿后流入下水道，这样不仅能净化孵化厅空气，保证胚胎发育过程中需要的新鲜空气得到及时补充，而且还能净化孵化厅外界空气，避免循环污染，达到清洁生产。

2. 再利用原则的运用

例如，我国饲养肉鸡 26 亿只，不论是种鸡还是商品鸡，体重达到 2.5kg 时，消耗饲料 5.5~5.7kg/只，饮水量与饲料用量大致为 1∶1，产生粪便 12~14kg，全年肉鸡产粪 3 380 万 t，另外还有蛋鸡产粪（45.6kg/只），鸭、鹅及特种家禽等，年产粪便量很大。大量的粪便堆积，由于运输等多方面的因素，农田消化不了，夏季对环境污染相当严重，况且粪便中含有大量的致病微生物，对人畜安全造成极大的威胁。

（1）制作生物有机肥。将鸡粪、垫料、死淘鸡等废弃物采用堆肥法，利用生物热发酵，经过除臭、干燥、制粒等过程制成生物有机肥，或者加入无机成分制成复混肥，供花卉、苗木及农田施用。经过这样的循环利用，减少了鸡场粪便污染鸡群和妨碍周围居民生活等诸多不利因素。

（2）禽粪的饲料化。干鸡粪中含30%粗蛋白质、26%灰分、23%无氮浸出物和10%粗纤维，其中色氨酸、蛋氨酸、胱氨酸、丝氨酸较多，可用于牛羊等反刍家畜饲料。非蛋白氮在瘤胃经微生物分解，合成菌体蛋白，然后再被消化吸收。另如肉鸭粪可用作池塘养鱼等。

3. 再循环原则的运用

据统计，每生产1万套父母代肉种鸡雏、1万只商品代苗鸡、1t冷冻分割鸡肉消耗水分别为59t、17.7t、2.41t，大量的用水可以归类再循环利用。

（1）沉淀过滤。对于鸡场冲洗、生活污水通过沉淀池再进入化粪池排放或与粪便混合加工成有机肥，沉淀池定期清淤，对冲洗消毒水采用沙池高位低渗过滤后安全排放或再经离子交换器处理后循环利用以充分节约水资源。

（2）汇集利用水资源。大多数种鸡场因生物安全的要求，鸡舍与鸡舍之间设有防疫沟，一般宽3~5m、深2.5~3.5m，日常鸡舍周围道路冲洗水，用具冲洗水等都汇集其中，这里可以养鱼，从而达到生物净化的目的，定期清淤即可。空舍清塘时，加消毒剂灭菌，水和淤泥可用于场内花木栽培。

第四节 生态循环养畜模式

家畜，尤其是猪在我国畜牧业中占十分重要的地位。生态循环养畜是生态循环养殖体系中一个重要组成部分。发展生态循环养畜是农畜商品经济发展和净化环境的需要。当前，我国的生态循环养畜是以饲料能源的多层次利用为纽带，以家畜饲养为中心的种植、养殖、沼气、水产等多业有机结合的生态系统。这种突出种养结合的生态循环养殖系统，在动物养殖业效益较低的情况下，对稳定畜牧业发展，促进农、林、牧、副、渔全面发展，解决畜牧发展与环境的矛盾，有着重要作用。

一、生态循环养畜模式的特点

（一）适合中国国情

自 20 世纪 80 年代以来，由于中外合资畜牧企业的出现及从国外引进全套养殖设备，家畜工厂化养殖在沿海及部分城市兴起。这种全封闭或半封闭、高密度养殖方式确能大大提高生产率。但这种高密度养畜必须有一整套环境工程设施。需高投入、高能耗，如广东引进美国三德万头猪生产线，猪舍及部分设备 70 万美元，国内配套设施 40 万元。每出栏 1 头 100kg 肉猪耗电近 30kW·h，全场日耗水 150~200m³。若某一个环节上出现问题，就有可能导致全场崩溃。所以，这种高投入、高能耗的养畜方式，只有产品外销才能获取利润。再从传统的动物养殖方式来看，以养猪业为例，由于养猪资金的利润率和贷款利润率差不多，养猪劳动收入又低于其他行业的平均收入。据调查，一些已具备相当规模和集约水平的猪场目前多处于微利或亏损状态，养猪的利润只有 1%，有的甚至没有利润，导致许多猪场倒闭或转产。生态循环养畜系统按不同生态地理区域，把传统的养殖经验和现代的科学技术相结合，运用生物共生原理，把粮、草、畜、禽、鱼、沼气、食用菌等联系起来构成一个生态循环体系，最大限度地利用不同区域内各种资源，降低成本，搞好生产效率。这是适合中国国情的。

（二）有利于净化环境

畜禽粪便等废弃物对环境的污染，日益受到人们的关注。据测算，1 头猪年产粪尿 2.5t，若以生化需要量换算，相当于 10 个人年排出的粪尿量，那么养 100 万头肉猪就相当于 1 000 万人的粪尿量，其污染负荷若对一个城市来说将是不堪设想的。这也就是 20 世纪 60 年代后一些欧洲国家出现的 "畜产公害"。生态循环养畜强调牧、农、渔有机结合，畜禽粪肥除用作肥料，还可作为配合饲料中的一部分，直接为鱼等动物所取食利用，这不仅降低了生产成本，而且为粪便处理提供了可行途径，净化了环境，提高了生态效益。

（三）有利于物质的多层次利用

沼气和食用菌是生态循环养畜生物链中最常用的生态接口环节。畜禽饲料能量的 1/4 左右随粪便排出体外，利用高能量转化率的沼气技术，不仅可以保护养殖场环境、改善劳动卫生状况，解决当前能源紧缺，同时沼渣可作为新的饲料、培养食用菌或作肥料。最近研究表明，可以从沼渣中提取维生素 B_{12}。食用菌则既是有机废物分解者，又是生产者，促进了生物资源的循环利用。经培养食用菌的菌渣，其粗蛋白质和粗脂肪含量提高了 1 倍以上，用菌渣喂猪、牛其效果与玉米粒相同。用某些菌种处理小麦秸秆制成的菌化饲料喂奶牛，可提高产奶量 15%。经沼气或食用菌生态接口环节形成的腐屑食物链可以增加产品输出，搞好生物能利用率，提供新的饲料源。所以，生态循环养畜工程实现了物质的多层次利用，系统效益自然得到提高。

（四）牧渔结合，有效地发挥水体的作用

陆地的畜禽养殖和水体鱼类养殖相结合，延长了食物链，增加了营养层次，可充分利用和发挥池塘、湖泊等水体的生产力。如西安种畜场利用猪粪尿发展绿萍等水生植物，最高年产量达

5 万 kg/亩，折粗蛋白质量为 669kg，相当于 6 003m² 大豆的蛋白质产量。光能利用系数达 6.6%，直接为养畜、鱼类提供了优质饲料和饵料。同时，水塘具有蓄水集肥等作用，可有效地减少物质的流失，使之沉积在塘泥中为初级生产提供优质肥料。

二、生态循环养畜模式实例

近几年来，各地运用生态系统的生物共生和食物链原理及物质循环再生原理，创立了多种生态循环养畜模式，形成了不同特点的综合养畜生产系统。现介绍几种主要模式。

1. 粮油加工—副产品养畜—畜粪肥田模式

（1）粮食酿酒—糟渣喂家畜—粪肥田。

（2）粮食酿酒—糟酒喂家畜—粪入稻田—稻鱼共生。

2. 粮食喂鸡—鸡粪喂猪—粪制沼气或培育水生植物

（1）粮食喂鸡—鸡粪喂猪—粪入鱼塘—塘泥肥田。

（2）鸡、兔粪喂猪—粪制沼气—沼渣肥田。

（3）鸡粪喂猪—粪制沼气—沼液养鱼、沼渣养蚯蚓—蚯蚓喂鸡。

（4）鸡粪喂猪—粪尿入池培育绿萍—绿萍喂畜或鱼。

3. 秸秆、草喂草食动物—粪作食用菌培育料

（1）秸秆、野草喂牛—粪作蘑菇培养料—脚料养蚯蚓—蚯蚓喂鸡—鸡粪喂猪—猪粪肥田。

（2）种草喂牛、羊、兔—粪制沼气—沼渣培养食用菌沼液养鱼。

（3）种草养牛—粪养蚯蚓—蚯蚓喂鱼—塘泥种草。

三、糟渣养猪技术

糟渣（包括饼粕）是一类资源量很大的农副产品。糟渣养猪是生态循环养殖的主要内容。生态循环养殖的中心内容就是把加工业、养猪业、种植业紧密地结合起来，形成一个有机的生态循环系统，扩大能流和物流的范围，把各种废弃物都利用起来，作为养猪业的饲料资源，从而保持生态平衡，争取较高的经济效益和生态效益，实现良好循环。

（一）加工副产品的种类和营养价值

加工副产品种类很多，这里仅列举一些主要种类。

1. 豆饼

豆饼是大豆榨油后的副产品，是一种优质蛋白质饲料。一般含粗蛋白质 43% 左右，且蛋白质品质较好，必需氨基酸的组成合理，种类齐全，富含赖氨酸和色氨酸；含粗脂肪 5%，粗纤维6%；含磷较多而钙不足，缺乏胡萝卜素和维生素 D，富含核黄素和烟酸。

2. 棉籽饼

棉籽饼为提取棉籽油后的副产品。一般含粗蛋白质 32% ~ 37%，含磷较多而含钙少，缺乏胡萝卜素和维生素 D。但棉籽饼含有棉酚，对动物具有毒害作用。

3. 花生饼

一般含粗蛋白质 38% 左右，赖氨酸与蛋氨酸的含量比豆饼少，烟酸的含量较高，是猪的良好蛋白质补充饲料。

4. 粉渣和粉浆

粉渣和粉浆是制作粉条和淀粉的副产品，质量的好坏随原料不同而不同，如用玉米、甘薯、马铃薯等做原料产生的粉渣和粉浆，所含的营养成分主要是残留的部分淀粉和粗纤维，蛋白质含量较低且品质较差。无机物方面，钙和磷含量不多，也不含有效的微量无机物。几乎不含维生素 A、维生素 D 和 B 族维生素。

5. 酒糟和啤酒糟

酒糟是酿酒工业的副产品，由于所用原料多种多样，所以其营养价值的高低也因原料的种类而异。酒糟的一般特点是无氮浸出物含量低，风干样本中粗蛋白质含量较高，可达到 20% ~ 25%，但蛋白质品质较差。此外，酒糟中含磷和 B 族维生素很丰富，但缺乏胡萝卜素、维生素 D，并残留一定量的酒精。

啤酒糟是以大麦为原料制作啤酒后的副产品。鲜啤酒糟的水分含量在 75%以上，干燥啤酒糟内蛋白质含量较多，约为 25%，粗脂肪质含量也相当多。此外，由于啤酒糟里含有很多大麦麸皮，所以粗纤维含量也较多。

6. 豆腐渣

豆腐渣是以大豆为原料加工豆腐后的副产品，鲜豆腐渣含水80%以上，粗蛋白质 4.7%，干豆腐渣含粗蛋白质 25%左右。此外，生豆腐渣中还含有抗胰蛋白酶，但缺乏维生素。

7. 酱油渣

酱油渣是以豆饼为原料加工酱油的副产品。酱油渣含水 50%左右，粗蛋白质 13.4%，粗脂肪 13.1%。此外，酱油渣含有较多的食盐（7%~8%），不能大量用来喂猪。

（二）利用加工副产品养猪

1. 豆饼

豆饼是猪的主要蛋白质饲料，用豆饼喂猪不会产生软脂现象。在豆饼资源充足的情况下，可以少喂、甚至不喂动物性蛋白质饲料（如鱼粉等），以降低饲料成本。豆饼宜煮熟再喂，以破坏其中妨碍消化的有害物质（如抗胰蛋白酶等），提高消化率并增进适口性。豆饼的饲喂量，在种类猪的日粮中可占 10%~25%。

2. 棉籽饼

棉籽饼的最大缺点是含有棉酚，喂量过多、连续饲喂时间过长或调制不当，常易引起中毒。棉籽饼可分机榨饼和土榨饼两种。机榨饼比土榨饼（未经高温炒熟）含毒量低，在有充足青饲料的条件下，未经处理的机榨饼只要喂量不超过 10%，一般不会发生中毒现象。土榨饼含毒量高，用作饲料时必须经过去毒处理。棉籽饼的脱毒方法，目前公认的最方便有效的方法是硫酸亚铁法，用 1%硫酸亚铁水溶液浸泡一昼夜后，连同溶液一起饲喂。

也可对棉籽饼进行加热处理，蒸煮 2~3h 即可使棉酚失去毒性。此外，用 100kg 水加草木灰 12~25kg（或加 1~2kg 生石灰），沉淀后取上清液，浸泡棉籽饼一昼夜，水与饼的比为 2∶1，清水冲洗后即可饲喂。去毒后的棉籽饼育肥猪可占日粮的 20%，但喂1~2 个月后，必须停喂 7~10d，并多喂青饲料和适当补充矿物质饲料。妊娠母猪、哺乳母猪以及 15kg 以下的仔猪最好不喂。

3. 花生饼

花生饼也是猪的优质蛋白质饲料，可单独饲喂，也可与动物性蛋白质饲料搭配饲喂。由于花生饼的氨基酸组成中缺乏赖氨酸和蛋氨酸，补喂动物性蛋白质饲料以补充缺乏的氨基酸效果更好。猪喜食花生饼，但喂量不可过多，否则可致体脂变软，一般花生饼在猪日粮中的比例以不超过 15% 为宜。

4. 粉渣和粉浆

由于粉渣和粉浆的营养价值低，如长期大量用来喂猪，可使母猪产生死胎和畸形仔猪、仔猪发育不良、公猪精液品质下降等。因此，在大量饲喂粉渣时，必须补充蛋白质饲料、青饲料和矿物质饲料。干粉渣的喂量，幼猪一般在 30% 以下，成猪在 50%以下。

5. 酒糟和啤酒糟

酒糟不适于大量喂种猪，特别是妊娠母猪和哺乳母猪，否则易出现流产、死胎、怪胎、弱胎和仔猪下痢等情况。这主要是由于酒糟中含有一定数量的酒精、甲醇等的缘故。为了提高出酒率，常在原料内加入大量稻壳，猪采食后不易消化，因此酒糟最好晒干粉碎后再喂。

酒糟所含养分不平衡，属于"火性"饲料，大量饲喂易引起便秘，所以喂量不宜过多，最好不超过日粮的 1/3，并且要搭配一定量的玉米、糠麸、饼类等精料，并补充适量的钙质，特别是要多搭配一些青饲料，以弥补其营养缺陷并防止便秘。

啤酒糟体积大，粗纤维多，所以应限制其喂量，在猪日粮中的比例以不超过 20% 为宜。

6. 豆腐渣

豆腐渣含水多，容易酸败，生豆腐渣中还含有抗胰蛋白酶，喂多了易拉稀。饲喂前要煮熟，破坏抗胰蛋白酶，并注意搭配青饲料和其他饲料。

7. 酱油渣

酱油渣含有较多的食盐，所以不能大量用来喂猪，否则易引起食盐中毒。干酱油渣在猪日粮中的用量以 5% 左右为宜，最多不超过 7%，一般作为猪的调味饲料使用。同时注意不用变质的酱油渣喂猪。

第五节　草—牧—沼—鱼综合养牛技术

草—牧—沼—鱼综合养牛技术的中心内容是秸秆（草）养牛—牛粪制沼气—沼渣和沼液喂鱼。

一、作物秸秆营养特点

作物秸秆产量多，来源广，是牛等草食动物冬春两季的主要饲料来源，其营养特点有以下几种。

（1）粗纤维含量高，在 18% 以上，有的甚至超过 30%。

（2）无氮浸出物（NFE）中淀粉和糖分含量很少，主要是一些半纤维素 NFE 的消化率低，如稻草 NFE 的消化率仅为 45%。

（3）粗蛋白质含量低，蛋白质品质差，消化率低。

（4）豆科作物秸秆中一般含钙较多，而磷的含量在各种秸秆中都较低。

（5）作物秸秆含维生素 D 较多，其他维生素的含量都较低，几乎不含胡萝卜素。

二、秸秆喂牛技术

作物秸秆，如麦秸、玉米秸和稻草等很难消化，其营养价值也很低，直接使用这类秸秆喂牛的效果很差，甚至不足以满足牛的维持营养需要。若将这类饲料经过适当的加工调制，就能破坏其本身结构，提高消化率，改善适口性，增加牛的采食量，提高饲喂效果。秸秆加工调制的方法主要有以下几种。

(一) 切短

切短的目的利于咀嚼，减少浪费并便于拌料。对于切短的秸秆，牛无法挑食，而且适当拌入糠麸时，可以改善适口性，提高牛的采食量。"寸草铡三刀，无料也上膘"是很有道理的。秸秆切短的适宜长度为 3~4cm。

(二) 制作青贮料

青贮是能较长时间保存青绿饲料营养价值的一种较好的方法。只要贮存得当，可以保存数年而不变质。

青贮可分为一般青贮、低水分青贮和外加剂青贮。这几种青贮的原理，都是利用乳酸菌发酵提高青贮料的酸度，抑制各种杂菌的活动，从而减少饲料中营养物质的损失，使饲料得以保存较长的时间。利用青贮窖、青贮塔、塑料袋或水泥地面堆制青贮饲料时，都要求其设备便于装取青贮料，便于把青贮原料压紧和排净空气，并能严格密封，为乳酸菌活动创造一个有利的环境。

1. 一般青贮方法

我国通常采用窖式青贮法（地下窖、半地下窖等）。窖的四壁垂直或窖底直径稍小于窖口直径，窖深以 2~3m 为宜。这样的窖容易将原料压紧。原料的适宜含水量为 60%~80%。为便于压实和取用，应将青贮原料铡短约为 3.3cm。边装边压实，窖壁、窖角更需压紧。一般小窖可用人工踩踏，大窖可用链轨式拖拉机镇压。

装满后立即封窖。可先在上面铺一层秸秆，再培一层厚约 33.3cm 的湿土并踩实。如用塑料薄膜覆盖，上面再压一层薄土，能保持更加密闭的状态。封窖后 3~5d 内应注意检查，发现下沉时，必须立即用湿土填补。窖顶最好封成圆弧形，以防渗入雨水。

2. 低水分青贮法

低水分青贮法又称半干青贮法，这种青贮料营养物质损失较少。用其喂牛，干物质采食量和饲料效率（增重和产奶）分别较一般青贮约提高40%和50%以上。低水分青贮料含水量低，干物质含量较一般青贮料多1倍，具有较多的营养物质，适口性好。

制作方法是将原料刈割后就地摊开，晾晒至含水量达50%左右，然后收集切碎装入窖内，其余各制作步骤均与一般青贮法相同。

3. 外加剂青贮

主要从三个方面来影响青贮的发酵作用：一是促进乳酸发酵，如添加各种可溶性碳水化合物，接种乳酸菌、加酶制剂等，可迅速产生大量乳酸，使 pH 值很快达到 3.8~4.2；二是抑制不良发酵，如加各种酸类、抑制剂等，可阻止腐生菌等不利于青贮的微生物生长；三是提高青贮饲料营养物质的含量，如添加尿素、氨作物，可增加青贮料中蛋白质的含量。

这三个方面的方法以最后一种方法应用较多。制作方法：在窖的最底层装入 50~60cm 厚的青贮原料，以后每层为 15cm，每装一层喷洒 1 次尿素溶液。尿素在贮存期内由于渗透、扩散等物理作用而逐渐分布均匀。尿素的用量每吨原料加 3~4kg。其他制作法与一般青贮法相同，窖存发酵期最好在 5 个月以上。

（三）秸秆的碱化处理

19 世纪末，人们就开始用碱处理秸秆来提高消化率的试验。1895 年法国科学家 Lehmann 用 2%氢氧化钠溶液处理秸秆，结果使燕麦秸秆的消化率从 37%上升到 63%。Beckmann 于 1919 年总结出了碱处理的方法：在适宜的温度下，用 1.5%的氢氧化钠溶液浸泡 3d。后来的研究又指出，浸泡时间可缩短到 10~12h。随着进一步的研究，以后又发展了用氨水、无水氨和尿素等处理秸秆的方法，对提高秸秆的营养价值起到了一定的作用。

碱化处理的原理：秸秆经碱化作用后，细胞壁膨胀，提高了渗透性，有利于酶对细胞壁中营养物质的作用，同时能把不易溶解的木质素变成易溶的羟基木质素，破坏了木质素和营养物质之间的联系，使半纤维素、纤维素释放出来，有利于纤维素分解酶或各种消化酶的作用，提高了秸秆有机物质的消化率和营养价值。如麦秸以碱化处理后，喂牛消化率可提高20%，采食量提高20%~45%。

1. 氢氧化钠处理

用氢氧化钠处理作物秸秆有两种方法，即湿法和干法。湿法处理是用8倍秸秆重量的1.5%氢氧化钠溶液浸泡秸秆12h，然后用水冲洗，直至中性为止。这样处理的秸秆保持原有结构与气味，动物喜食，且营养价值提高，有机物质消化率提高24%。湿法处理需要大量劳动力和大量清水，并因冲洗可流失大量的营养物质，还会造成环境的污染，较难普及。Wilson等（1964）建议，改用氢氧化钠溶液喷洒，每100kg秸秆用30kg 1.5%氢氧化钠溶液，随喷随拌，堆置数天，不经冲洗而直接饲喂，称为干法。秸秆经处理后，有机物的消化率可提高15%，饲喂牛后无不良后果。干法不必用水冲洗，因而应用较广。

2. 氨处理

很早以前，人们就知道氨处理可提高劣质牧草的营养价值，但直到1970年后该方法才被广泛应用。为适用不同地区的特定条件，其处理方法包括无水氨处理、氨水处理及尿素处理等。

（1）无水液氨处理。氨化处理的关键技术是对秸秆的密封性要好，不能漏气。无水氨处理秸秆的一般方法：将秸秆堆垛起来，上盖塑料薄膜，接触地面的薄膜应留有一定的余地，以便四周压上泥土，使呈密封状态。在垛堆的底部用一根管子与装无水液氨的罐相连接，开启罐上的压力表，按秸秆重量的3%通入氨气，氨气扩散很快，但氨化速度较慢，处理时间取决于气温。如气温低于5℃，需8周以上；5~15℃需4~8周；15~30℃需1~4周。氨化到期后，要先通气1~2d，或摊开晾晒1~2d，使游离氨挥发，然后饲喂。

（2）氨水处理。用含量15%的农用氨水氨化处理，可按秸秆重量10%的比例把氨水均匀喷洒于秸秆上，逐层堆放，逐层喷洒，最后将堆好的秸秆用薄膜封紧。

（3）尿素处理。尿素使用起来比氨水和无水氨都方便，而且来源广。由于秸秆里存在尿素酶，尿素在尿素酶的作用下分解出氨，氨对秸秆进行氨化。一般每100kg秸秆加1~2kg尿素，把尿素配制成水溶液（水温40℃），趁热喷洒在切短的秸秆上面，密封2~3周。如果用冷水配制尿素溶液，则需密封3~4周。然后通气1d即可饲喂。

秸秆经氨处理后，颜色棕褐，质地柔软，牛的采食量可增加20%~25%，干物质消化率可提高10%，其营养价值相当于中等质量的干草。

（四）优化麦秸技术

小麦秸用于喂牛虽有多年历史，但由于原麦秸营养价值低，粗纤维含量高，适口性差，饲喂效果不够理想。

由莱阳农学院（现青岛农业大学）研制出了一种利用高等真菌直接对小麦秸优化处理的生物学处理方法。经过多年经验，初步筛选出比较理想的莱农01和莱农02优化菌株，并研究出简便易行的优化生产工艺。结果表明，高等真菌优化麦秸后，不仅能使纤维素和木质素降解，而且可使高等真菌的酶类与秸秆纤维产生一系列生理生化和生物降解与合成作用，从而使小麦秸的粗蛋白质和粗脂肪的含量大幅度提高，而粗纤维的含量则显著下降。

优化麦秸的方法：将质量较好的麦秸，放入1%~2%的生石灰水中浸泡20~24h，以破坏麦秸本身固有的蜡质层，软化细胞壁，使菌丝容易附着。捞出麦秸后，去除多余的水分，使麦秸的含水量在60%左右。然后采用大田畦沟或麦秸堆垛方式进行菌化处理，每铺20cm厚的麦秸，接种一层高等真菌，后封顶，防止漏水。一般经20~25d的菌化时间，菌丝即长满麦秸堆，晒干后即可饲喂。

据试验，优化麦秸喂牛，适口性好，采食量大，生长发育好，平均日增重为 681g，比氨化麦秸和原麦秸分别提高 216g和 304g。

三、沼液喂鱼技术

搞好养猪、养鸡和养牛业的同时，结合办沼气，利用沼肥养鱼，是解决渔业肥料来源，降低生产成本，充分利用各种资源，加快系统内能量和物质的流动，净化环境，提高经济效益和生态效益的一种新途径，也是生态渔业的一种新模式。

人畜粪制取沼气后有三个方面的优点。一是肥料效率提高。人畜粪在沼气池中发酵，除产生沼气外，在厌氧情况下产生大量的有机酸，把分解出来的氨态氮溶解吸收，减少了氨态氮损失，因而提高了肥效。二是肥水快。肥料在沼气池中充分发酵分解，投入水库中能被浮游植物直接利用，一般施肥后 3~5d 水色发生明显变化，浮游生物迅速繁殖，达到高峰。比未经沼气池发酵直接投库的肥料提早 4d 左右。三是鱼病减少。投喂沼渣和沼水后，鱼病很少发生。

实践证明，库区发展养牛、养猪、养鸡，用其粪便和杂草制沼气，沼渣、沼水养鱼，是解决水库养鱼饲料来源的有效措施，也是生态渔业的一种模式，其特点是能使各个环节有机结合，互补互利，形成一个高效低耗、结构稳定可靠的水陆复合生态系统。

第六节 生态循环养禽模式

生态循环养禽模式，主要应用生态工程原理，通过农、牧、渔的有机结合，把规模化养禽业与其他养殖业以及资源利用、环境保护结合起来，充分利用各种资源，提高物质利用率，加快系统内能量的流动和物质的循环，提高经济效益、社会效益和生态效益，促进养禽业的发展。

一、禽类对动物蛋白质的需要

蛋白质是生命的物质基础，是构成禽类体细胞的重要成分，也是构成禽类产品——肉和蛋的主要原料。家禽在生长发育、新陈代谢、繁殖和生产过程中，需要大量蛋白质来满足细胞组织的更新和修补的要求，其作用是其他物质无法代替的。

由于禽类蛋白质中含有各种必需氨基酸，而禽类体内又不能合成足够数量的必需氨基酸满足代谢和生产的需要，必须由饲料中供给。禽类对蛋白质的需要实质上是对各种必需氨基酸的需要，如鸡生长需要 11 种必需氨基酸。就不同种类蛋白质饲料来说，动物性蛋白质饲料较植物性蛋白质饲料所含的必需氨基酸种类齐全，数量也较多，特别是赖氨酸、蛋氨酸、色氨酸 3 种限制性氨基酸的含量比植物性蛋白质高得多，其生物学价值也较高。因此，动物性蛋白质饲料是家禽日粮中必需氨基酸的重要来源，但动物性蛋白质饲料来源日趋紧张，如鱼粉主要靠国外进口，成本高。所以，解决家禽对动物蛋白需要的矛盾已迫在眉睫。

生态循环养禽正是解决这一矛盾的关键。例如，用畜禽粪便养殖蚯蚓，再用蚯蚓喂鸡，是实现物质循环、解决禽类动物性蛋白质饲料来源的有效途径。据测定，蚯蚓干体中蛋白质的含量为 66%，接近于秘鲁鱼粉，在禽类的日粮中可用蚯蚓替代等量的鱼粉，且成本低，效果好。

实践证明，用蚯蚓喂肉鸡、产蛋鸡和鸭，可以提高增重，节约粮食，多产蛋，降低成本。更主要的是解决了禽类动物性蛋白质饲料来源的不足。

此外，在生态循环养禽实践中，也可用禽类粪便养殖蝇蛆，其蛋白质含量为 60%，必需氨基酸含量齐全，也是禽类良好的蛋白质饲料来源。

二、禽类消化特点与禽粪营养价值

搞好生态循环养禽，必须首先了解家禽的消化特点以及禽粪的营养价值，然后加以综合利用。

1. 禽类消化特点

家禽消化道结构与家畜明显不同。家禽有嗉囊和肌胃，喙啄食饲料进入口腔，通过食道进入嗉囊存留，停留时间一般为 2~15h，而后饲料通过肠道进入肌胃，在肌胃中借助于沙粒磨碎饲料；家禽消化道短、容积小，饲料通过时间短（2~4h），对营养物质的消化利用率低。此外，家禽消化道无酵解纤维素的酶，对粗纤维的消化力差，盲肠只能消化少量的粗纤维。

2. 禽粪营养价值

家禽由于消化道较短，消化吸收能力差，很多营养物质随粪便排出体外。因此，禽粪中残存的营养物质很多。目前对禽粪再利用研究较多的是鸡粪。在鲜鸡粪中含有干物质 26.49%、粗蛋白质 8.17%、粗脂肪 0.96%、粗纤维 3.86%、粗灰分 5.2%、无氮浸出物 8.27%、磷 0.50%、钾 0.40%。干鸡粪中所含的营养物质与麸皮、玉米、麦类等谷物饲料相似。

鸡粪中还含有丰富的 B 族维生素，其中以维生素 B_{12} 较多。鸡粪中还含有全部必需氨基酸，其中赖氨酸（0.51%）和蛋氨酸（1.27%）含量均超过玉米、高粱及大麦等谷物饲料。鸡粪中还含有多种矿物质元素。因此，开发鸡粪作为畜牧业生产的饲料，是目前国内外鸡粪处理利用研究的热点。

第七节 林下养鸡技术

由于畜牧业附加值高，发展畜禽生产能增加农民收入，尤其是家禽生产投资低、见效快，成为各地发展的对象。可以通过林地进行家禽生产，利用空闲地种草进行生态养殖，具有较好的经济效益、社会效益和生态效益。

一、提高土地利用效率

既可以有效利用林间空闲土地，又可以减少家禽养殖场在农村土地的占用，提高土地利用效率，减少耕地占用。

二、提高林地和养殖场的经济效益，实现种、养双赢

林地放牧家禽利用人工种植或天然牧草饲养家禽可以大大降低饲养成本，提高养殖效益。家禽粪便排放在林下可为牧草和树木提供养分，促进牧草和树木的生长，形成能量高效循环利用的农业生态系统。

三、实现林木、家禽安全生产

林地形成天然屏障，产生隔离区，饲养环境好，减少疫病传播，可以提高家禽成活率，减少药物残留，实现产品绿色、安全。同时，家禽采食昆虫，可以有效减少草地和林地病虫害的发生。

四、提升家禽生产生态效益

林地养禽，减少家禽养殖对农村环境的污染，提高农民生存环境质量，符合我国建设新农村的要求。

五、实现家禽优质生产，提高家禽风味

由于林地养禽属放养方式，家禽一方面通过加大运动，减少有害物质在体内的残留；另一方面由于家禽可以采食林中新鲜牧草，获取常规饲料中不易获取的一些有利于提高家禽品质的风味成分，提高家禽产品的风味。因此，林地生态养禽具有较好的经济效益、社会效益和生态效益。

但是，林下养鸡不能简单地想象成传统的庭院养鸡方式。林下养鸡虽然有优越的环境优势，但也面临着容易感染多种寄生虫病和细菌性疾病的危险。尤其是养殖量达到一定规模时，林下养鸡的疾病控制、饲养管理中遇到的问题可能比舍饲更棘手，而且林下养鸡效益的关键要做好草的文章。因而，掌握专业性的林下养鸡技术是必要的，本节通过介绍林下养鸡的一些技术要点，旨

在提高林下养鸡的专业化程度，提高林下养鸡的经济效益。

六、林下养鸡品种

林下养鸡品种选择依据饲养目的（肉用、肉蛋兼用、蛋用）而定，由于放牧饲养环境较为粗放，应选择适应性强、抗病、耐粗饲、勤于觅食的鸡种进行放养。

1. 肉用型品种

主要选择经过改良的优质鸡品种或地方鸡品种，如三黄鸡、清远麻鸡、乌鸡、北京油鸡，以及肉蛋杂交等品种。舍饲条件下普通黄鸡一般饲养期 90d，体重达 1.59kg，料重比 3.27∶1；清远麻鸡 105d 出栏体重 1.4kg，料重比 3.7∶1。

北京油鸡 105d 出栏体重为 1.45kg，料重比 3.8∶1。肉蛋杂交鸡 56d 出栏，平均体重 1.65kg，料重比 2.31∶1。如果利用天然草场，果树下 45 日龄起，经过 4.5 个月放养平均体重 2.25kg，成活率达 90.5%，料重比为 1.63∶1，降低精料消耗 40.94%。

2. 肉蛋兼用型品种

主要包括固始鸡、浙江仙居鸡、华北柴鸡等地方品种和选育品种。华北柴鸡 84d 前增重较快，112d 体重在 1.0kg，以后每周增重在 60g 左右，并呈现下降趋势，成年母鸡体重 1.5kg 左右，公鸡体重 2.5kg 左右。笼养条件下，华北柴鸡 120d 开始产蛋，达 50% 产蛋率时间为 160d 左右，产蛋高峰日龄为 170d，产蛋高峰 75%~80%，70% 以上维持 4~5 个月。放养条件下，华北柴鸡高峰产蛋率 65% 左右，日补料必须在 105g 以上，料蛋比 3.7∶1。

3. 蛋用型品种

适合放养的蛋用型品种有农大 3 号小型鸡、绿壳蛋鸡。农大 3 号小型鸡 22~61 周龄放养期间平均产蛋率 76%，日耗料 89g，平均蛋重 53.2g，每只鸡产蛋量 11kg，料蛋比 2.2∶1。农大 3 号小型鸡还有温顺、不乱飞、不上树、不爱炸群、易于管理等特点。

七、林下养鸡场址的选择

林下养鸡虽然不能大规模建场，但雏鸡饲养舍或简易休息棚必不可少。建议雏鸡饲养舍或简易棚搭建在林中离公路 0.5 km 以上地势高的地方，同时还要考虑水电的正常供应，以保证照明、保温、供水等的需要。

八、林下种草

林下可以采取套播苜蓿、三叶草、黑麦草等多年生牧草，提供大量新鲜牧草满足鸡采食需要、减少补料量，提高鸡肉风味。

九、日常管理

每天喂料、供水时注意观察鸡群的状况。例如，羽毛是否完整？粪便的形状、颜色是否正常？夜间注意观察栖架是否能满足鸡栖息条件。还应注意是否有卧地的鸡，应及时将卧地的鸡抓到栖架上。此外，要注意观察鸡群的呼吸状况，发现啄羽要查明原因，发现呼吸异常应及时采取措施。注意预防野禽和野兽的危害。

十、出栏

放养鸡生长到 120d 后生长速度逐渐减慢，应尽早出栏，避免延长饲养期导致补料增加，效益下降。如果每年饲养多批，应实行全进全出饲养制度，即每批鸡同时饲养，同时出栏，不能出现多批共存的现象。出栏后将鸡舍和用具彻底清洗干净，喷雾消毒后空舍 2 周以上再进下一批。

第四章　水产品养殖推广新技术

第一节　水产养殖循环经济模式

为适应国民经济发展和城乡居民生活水平不断提高的需要，要在确保水产品产量稳步增加的前提下，不断提高水产品质量安全水平，从数量和质量上保障水产品的有效供给。

一、发展封闭式工厂化养殖模式

以工厂化养虾为例，由于粗放式虾塘养殖，单位面积产量低，经济效益差。故近年来，在我国北方地区逐渐兴起了工厂化养殖，但目前的工厂化养殖仍是开放式，即养殖废水未经处理便直接排海，从而污染着近邻海区，同时养殖污水中含有约30%未被吸收的蛋白质残饵和每千克虾配载的$1m^2$水也都排放了，浪费了大量的蛋白质与能源。为了充分利用资源，可以在养殖车间附近开挖净化塘，并在车间排水渠中加 1~2 道过滤网，以拦截残饵，在净化塘中养殖部分江篱和牡蛎，塘底播少量花蛤或杂色蛤。经过净化塘后的更新水再送回养殖车间，既可以增大车间循环水量，又可以降低抽水电能消耗，过滤网拦截的碎屑残饵还可以搭配喂养禽畜，塘中生产的江篱、贝类都是额外收获，此外，全年性工厂化养鱼也可考虑内循环模式，只不过要在车间里安装一套软管热交换器，以降低车间内外水循环过程的热损失，提高热能利用效率。

二、发展立体水产养殖模式

立体水产养殖模式一般分为上、中、下、底四层，实现调节水域生态环境、充分利用池塘空间、提高饵料利用率和产出效益。这种方法也可以在开放的近海海域内使用，当然应该是政府行为，即针对近海水产业资源严重衰退，可选择大规模投放经济鱼虾苗种，辅以人工藻场改造和人工渔礁建设等措施，建立我国近海半人工生态系统，恢复和增加海域中优质水产业资源。在严格水产业管理下并辅以相应捕捞手段实现水产业增产、渔民增收。

三、发展以浮游植物利用的养殖模式

自 20 世纪 80 年代以来，我国水产养殖逐步由"大草大粪"的粗放型养殖转变为以配合饲料投喂为核心的高密度集约化养殖，池塘养殖产量现已普遍达到 1 000~2 000kg，比传统养殖高数倍。网箱养殖等高度集约化产量为每亩产 10 万 kg。配合饲料养殖技术的推广，不仅为社会提供了大量高价值高营养的动物食品，而且向社会提供了大量财富，让无数渔农民通过配合饲料养鱼走上了发财致富之路。但是，如果饲料质量不高，水生动物的转化效率不高，不仅大量浪费资源，而且必然对水环境造成富营养污染，使水质环境不断恶化。据调查发现，许多鱼塘养了几年鱼，池底淤泥就深达 50~60cm，相当于每亩沉积淤泥 300~400m³。而这些淤泥都是饲料转化的。因此，应该研发优质高效饲料，增强原生资源有效利用，减少资源浪费；同时科学改良水体环境，提高残留于水体的少量废弃有机物在有氧、富氧条件下有效分解成高效营养盐，促进浮游植物生长，提高鱼类对浮游植物的利用效率。以利用水浮莲发展水产业为例，水浮莲是一种温热带淡水中高产水生维管束植物，每年每亩产 6 万~8 万 kg，在我国南方曾作为青饲引种的，现在由于该植物过剩繁殖而形成"生物入侵"，成为昆明滇池、福建闽江水库的一大难以消解的危害。但水浮莲的繁茂生长大量地吸收了水体中的氮、磷，降低了水域的富营养化程度，是很好的水体自净生物；同时水浮莲机体中含有 1.5%左右的蛋白质及其他碳水化合物与无机盐，既可替

代部分畜禽青饲料，又可作为生物质生产转为下游能源和有机肥，只要组织实施到位，有望变害为宝。

第二节　水产捕捞循环经济模式

当今的海洋水产业已是典型的"石油水产业"时代，它以消耗大量的石油为动力，最大限度地攫取海洋水产业资源，渔船队排出大量的废气污染了环境，大量的渔业废弃物又进一步破坏了水域中的水产业资源。发展水产捕捞循环经济模式，关键在于加强捕捞品的利用效率，延长产业链。以海洋捕捞为例，其主导产品都是鱼类，但通常任何一种鱼可食部分平均仅占60%左右，即废弃物高达40%。然而这些鱼头、鱼内脏及鱼骨骼等非可食部分中，都含有丰富的鱼油、鱼蛋白质和各种酶等活性物质，最简单的办法就是把这些非可食部分直接加工成养鱼饲料喂鱼。日本许多小型捕鱼企业都设有小型加工厂，在生产生鱼片的同时，把下脚料按一定比例添加制造成喂鱼饵料，大型企业则集中送往相关单位用于提取活性物质等生产。另外，过去我国许多鱼类生产企业利用小杂鱼生产鱼粉时，没有提取鱼油，这些含有鱼油的工业废水直接排泄不仅严重污染了近邻海区，而且每生产1t鱼粉就有约200kg的鱼油被舍弃，而这些鱼油里正含有丰富的不饱和脂肪酸（脑黄金）。事实上，水产捕捞循环经济模式在我国已有一定的基础，原称作"精加工与综合利用"，现在的问题是如果要大规模推广，就要改变群众消费习惯，接受加工鱼产品；要增加资金投入，实际上制鱼粉提取鱼油的难题不是工艺问题而是资金问题；加强科研开发，如活性物质的分析与提取、贝壳和甲壳的下游开发利用等可以增强循环经济的生命力。

第三节　农牧渔综合种养型循环经济模式

该模式应用生态学、生态经济学和系统科学基本原理，采用生态工程方法，吸收现代科技成就和传统农业中的精华，将相应的人工养殖动物、植物、微生物等生物种群有机地匹配组合起来，形成一个良性的减耗型食物链生产工艺体系。此模式既能合理而有效地开发和利用多种可饲资源，使低值的自然资源转化为高值的畜产品，又能防治农村环境污染，使经济效益、生态效益、社会效益三大效益在稳定、高效、持续中发展，从而形成一个综合种养的循环生态系统。生态水产业是按照生态学和生态经济学的原理，实行自然调控与人工调控相结合，使养殖的水生生物与其周围的环境因子进行物质良性循环和能量转换，使之达到资源配置的合理性、经济上的高效性。生态水产业是无污染的高效农业，可使畜禽粪便及残饵、牧草和菜叶等成为鱼的饲料，鱼粪肥塘（田），塘底污泥则为农作物提供优质的有机肥料，形成良好的物质循环。如稻田生态水产业，鱼和蛙分别吃掉了水中和稻上的害虫，减少了病虫害，降低了农药的施用量，减少了环境污染，在连片的养殖区还可逐步减少直至不施化肥和农药，建成无公害的农业园区，生产出无公害的绿色农产品，提高种养产品的效益。下面介绍几种生态水产业的好模式（图4-1）。

图4-1　生态水产业的好模式

（一）庭院生态水产业

在房前屋后的空旷地开挖池塘，面积几十至几百平方米，塘中养鱼、虾、蟹、蛙等，塘上搭棚架种瓜果，塘边建圈舍饲养畜禽，畜禽粪便及其残饵养鱼，鱼粪肥塘，塘底淤泥作为瓜果菜的优质有机肥料，形成一个良好的物质循环。

（二）小池塘宽池埂生态水产业

开挖池塘，面积 $400 \sim 800 m^2$，利用挖出的土铺垫成 $3 \sim 5m$ 宽的池埂，称之为"小池塘，宽池埂"。池塘与埂面宽的面积比例一般为 7∶3。塘中主养草食性鱼类，埂上种植牧草、蔬菜、果树等，牧草和菜叶喂鱼，塘泥作为作物肥料，形成种养结合的生态小园区。

（三）池塘生态水产业

池塘生态水产业是以鱼塘为中心，周边种植花卉、蔬菜、水果的生态农业园。池塘中进行鱼—鸭或鱼—鹅混养，在岸边的坡地上种植牧草、瓜果、中药材等，可大大提高产出率和经济效益。这种模式在珠江三角洲比较多见，最初是由桑基鱼塘改造而成，后来根据市场需要逐步发展起来的（不少农户还建设花基鱼塘、菜基鱼塘、果基鱼塘）。鱼塘养鱼，定期挖出塘泥用于养花，种植蔬菜和水果，鱼、花卉和蔬菜销往市场，从外面购进部分鱼饲料和其他必需品，实现资源综合利用和循环利用，其生态效益和经济效益都很显著。

第四节　稻田养鱼技术

一、养鱼稻田的选择和工程建设

（一）养鱼稻田的选择

1. 土质好

一方面保水力强，无污染，无浸水、不漏水（无浸水的沙壤土田埂加高后可用尼龙薄膜覆盖护坡），能保持稻田水质条件相对稳定；另一方面要求稻田土壤肥沃，呈弱碱性，有机质丰富，稻田底栖生物群落丰富，能为鱼类提供丰富多种的饵料生物原种。

2. 水源好

水源水质良好无污染，水量充足，有独立的排灌渠道，排灌方便，旱不干、涝不淹，能确保稻田水质可及时、到位的控制。

3. 面积适宜

面积大小可根据养殖模式、品种、规格和养殖习惯、时间来选定。用于苗种培育的田块面积可小些，一般为 $200\sim2\,000m^2$，培育大规格鱼种的田块面积应掌握在 $2\,000\sim3\,000m^2$，成鱼养殖可大些。

4. 光照条件

好光照充足，同时又有一定的遮阳条件。稻谷的生长要良好的光照条件进行光合作用，鱼类生长也要良好的光照，因此养鱼的稻田一定要有良好的光照条件。但在我国南方地区，夏季十分炎热，稻田水又浅，午后烈日下的稻田水温常为 $40\sim50℃$，而 $35℃$ 即可严重影响鱼类的正常生长，因此鱼凼（在稻田内按稻田面积的一定比例开挖的水坑）上方有一定的遮阳条件是必需的。

（二）稻田养鱼工程建设

为了防逃、护鱼、便于饲料管理和捕鱼起水，养鱼稻田按要求修建并且制备一些简易设备和工具。

1. 田埂的修整

田埂要加高加固，一般要高达到30cm以上，捶打结实、不塌不漏。鱼类有跳跃的习性，如鲤鱼有时就会跳越田埂；另外，一些食鱼的鸟也会在田埂上将鱼啄走；同时，稻田时常有黄鳝、田鼠、水蛇打洞穿埂引起漏水跑鱼。因此，农田整修时，必须将田埂加高增宽，夯实打牢，必要时采用条石或三合土护坡。田埂高度根据不同地区、不同类型稻田而定，一般有 $40\sim50cm$、$50\sim70cm$、$70\sim110cm$ 等几种。养殖成鱼的田埂比养殖鱼种的田埂要高，轮作养鱼稻田的田埂比兼作养鱼的高，湖区低洼田和围水田的田埂要高，还有常年降水量大的地区要比降水量小的地区高。

根据有关省区鱼田工程标准田埂高为 80cm，田埂宽一般为 30~40cm。

2. 开挖鱼沟和鱼溜

为了满足水稻浅灌、晒田、施药治虫、施化肥等生产需要，或遇干旱缺水时，使鱼有比较安全的躲避场所，必须开挖鱼溜和鱼沟。开挖鱼溜和鱼沟是稻田养鱼的重要工程建设。

（1）鱼沟。鱼从鱼溜进入大田的通道，早稻田鱼沟一般是在秧苗移栽后 7d 左右，即秧苗返青时开挖，晚稻田可在插秧前挖好，鱼沟宽 30~60cm，深 30~60cm，可开成 1~2 条纵沟，也可开成"十"字形、"井"字形或"目"字形等不同形状。鱼沟与鱼凼连接。

（2）鱼溜。鱼溜是稻田中较深的水坑，一般开挖在田中央、进排水处或靠一边田埂，有利于鱼的栖息活动，是水流通畅和易起捕的地方。鱼溜形状随田的形状而不同，一般为长方形、方形、圆形。现在的稻田养鱼在已有鱼溜的基础上发展成小池、鱼凼、宽沟等，形成了沟池式稻田养鱼、鱼凼式稻田养鱼和宽沟式稻田养鱼等，并促使沟中的水变活，成为流水沟式稻田养鱼。鱼沟、鱼溜等水面占稻田面积为 5%~10%。面积小的稻田只需要开挖一个鱼溜，面积大的可开挖两个。

3. 开好进水口和排水口

稻田养鱼要选好进水口和排水口。进水口和排水口的地点应选择在稻田相对两角的田埂上，进水和排水时可使整个稻田的水顺利流转。进水口和排水口要设置拦鱼栅，避免跑鱼，拦鱼栅可用竹、木、沙网、尼龙网、铁丝网等制作，孔目大小根据鱼体大小而定，以不逃鱼为准。拦鱼栅的高度，上端需要比田埂高 33cm，下端扎入田底 20cm，其宽度要与进、排水相适应，安装后无缝隙。安装时使其呈弧形，凸面向田内，左右两侧嵌入田埂口子的两边，拦鱼栅务必扎实牢固。

4. 搭设鱼棚

夏热冬寒，稻田水温变化很大，虽有鱼溜、鱼沟，对鱼的正常生活仍有一定影响，因此，可在鱼凼上用稻草搭棚，让鱼夏避暑、冬防寒，以利鱼正常生长。

二、稻田养鱼的基本模式

稻田养鱼的模式根据稻田养鱼工程模式可分为稻田鱼凼式、稻田回沟式、垄稻沟鱼式和沟池式；根据养鱼生产季节模式可分为单季稻田养鱼、双季稻田养鱼、冬闲稻田养鱼。

1. 稻田鱼凼式

此种养殖方式的特点是在稻田内按稻田面积的一定比例开挖一个"鱼凼"。鱼凼的开挖面积一般为田面积的 5%~8%，深 1.0~1.5m，鱼凼一般设在田中央或背阴处。但不能设在稻田的进水口和排水口处及田的死角处。鱼凼的形状以椭圆锅底或长方形为好。这种稻田养鱼工程模式有两种养鱼模式。

（1）培育鱼苗鱼种。这种模式不开挖鱼沟，可用于鱼苗及苗种培育。根据稻田浮游生物条件和养殖技术条件每亩可投放鱼苗 3 万~5 万尾，后稀疏鱼种密度为 1 万~1.5 万尾，要想获得大规格鱼种还要在今后的养殖中视鱼种的生长情况分 1~2 次稀疏鱼种密度。

（2）养殖小个体成鱼或大规格鱼种。这种模式要开挖鱼沟，但鱼沟的宽度只要 30~40cm，呈 1~2 条纵行沟或"十"字形沟即可。一般设计产量为 750~1 050kg/hm^2。

2. 稻田回沟式

此种方式要求加高、加固田埂，田埂高 50~70cm，顶宽 50cm 左右。田内开挖鱼沟或鱼溜，沟深 30~50cm，沟的上面宽 30~50cm。沟的设计形式为在稻田内距田埂 30cm 处开挖一条环沟，面积较大的稻田还要在田中央开挖"十"字形中央沟。中央沟与环沟相通，环沟相对两端与进水口和排水口相连，整个沟的开挖面积占田面积的 5%~8%。根据需要养殖对象可以是成鱼也可以是大规格鱼种，鱼的设计单产可在 450kg/hm^2 左右。南方若在第一季种稻养鱼后，第二季只养鱼而不种稻时，设计产量为

1 200～1 500kg/hm²。

3. 垄稻沟鱼式

方法是在稻田的四周开挖一条主沟，沟宽 50～100cm、深 70～80cm。垄上种稻，一般每垄种 6 行左右水稻，垄之间搭垄沟，沟宽小于主沟。若稻田面积较大，可在稻田中央挖一条主沟。用于成鱼商品鱼养殖，设计养鱼产量为 1 500～2 250kg/hm²。

4. 沟池式

此种方式是小池和鱼沟同时建设。总开挖面积占田面积的 5%～10%，小池设在稻田进水口一端，开挖面积占田面积的 5%～8%，呈长方形，深 1～1.5m，设遮阳棚。池与田交界处筑一高 20cm、宽 30cm 的小埂。田内可据稻田面积大小建设环沟及中央沟，沟宽 30～40cm、深 25～30cm。中央沟呈"十"字形或"井"字形。沟池相通。根据需要养殖对象可以是成鱼也可以是大规格鱼种，鱼的设计单产可在 900～1 125kg/hm²。若已养对象为无肉食性鱼类（含杂食性鲫鱼、鲤鱼），或暂时圈养在鱼塘内，可套养培育 15 万～20 万尾鱼苗。至鱼苗长至安全规格（鲫鱼、鲤鱼 1.7cm 以上即为安全规格），即可与成鱼混养。

5. 单季稻田养鱼

单季稻收割后，开始修建稻田养鱼工程，工程模式可根据养殖模式选择，以上 4 种工程模式皆适用。

6. 双季稻田养鱼

晚稻收割后，开始修建稻田养鱼工程，工程模式可根据养殖模式选择，以上 4 种工程模式皆适用。

7. 冬闲田养鱼

它是利用晚稻收割以后到翌年春季早稻生产前的一段稻田休闲期养鱼。也有在水稻插秧后就放鱼，一直养到农历春节前起鱼，是交通不便地区解决自家和邻居吃鱼难问题的好办法。冬闲田养鱼，应选择蓄水深、遮阴避风、靠近住宅、便于管理的稻田。冬闲田养鱼，水温低，天然饵料少，除重施基肥、及时追肥外，还要投喂菜饼、糠饼、棉籽饼、熟甘薯等精饲料。此外，应搭棚防寒。一般养殖抗冻耐寒的鲤鱼和鲫鱼，设计鲜鱼产量为 $225\sim357kg/hm^2$；也可为池塘培养鱼种，设计产量为 6 000~9 000 尾/hm^2，规格 13.3cm 左右。在交通便利地区，这种方式可用于暂养或囤养商品鱼，利用商品鱼的冬春差价创收。

三、稻田养鱼的生产技术

(一) 种类选择

一般养食用鱼以鲤鱼为主，培育鱼种以草鱼为主，适当搭配鲤鱼、鲢鱼、鳙鱼及团头鲂等。

养食用鱼之所以要以鲤鱼为主，这是因为其具有食性广、生长快、适应性强的优点，特别是苗种来源广泛，肉质又好，很受群众喜爱。有条件的地方，也可养杂交鲤鱼、罗非鱼、鲫鱼等。在选择稻田养鱼种类时，应根据需要，因地制宜地选择。

(二) 鱼种放养

1. 放养种类及规格

放养鲤鱼，一般都放养当年鱼种，3.3cm 以上即可放养，2个月后可长到50g，3 个月后可长到100g，杂交鲤鱼可长到150g，如放养 50g 左右的隔年鱼种 3 个月可长到250g 以上。鲫鱼在 3cm 左右即可放养，一季稻田可在当年养成50g 左右的食用鱼。

2. 放养密度与时间

稻田养鱼是一种粗放养殖方式，一般说来，稻田每亩放 3.3~6.6cm 的鲤鱼种200~300 尾，1.0~1.4cm 长的鲤鱼苗 500~800 尾，气温高、生长期长、养鱼条件好的则可多放，反之，应酌情少放。放养时间，如当年鱼种应力争早放，一般在秧苗返青后即可放入，早放可延长鱼在稻田中的生长期。放养隔年鱼种不宜过早，在栽秧后 20d 左右放养为宜，放养过早鱼会吃稻秧，过迟对鱼、稻生长不利。

3. 鱼种投放前的稻田消毒

养鱼稻田一定要清田消毒，以清除鱼类的敌害生物（如黄鳝、田鼠等）和病原体（主要是细菌、寄生虫类）。清田消毒药物主要有生石灰、漂白粉等。生石灰有改善 pH 值的作用，尤其适用于酸性土壤。秋冬季的无水稻田每亩用生石灰 70kg 左右，加水搅拌后，立即均匀泼洒；若稻田带水消毒则每亩用生石灰 100kg 左右，加水搅拌后，立即均匀泼洒。用漂白粉清田消毒，水深 10cm 时，每亩用漂白粉 4~5kg。用时先将漂白粉放入木桶内加水稀释搅拌后，立即均匀泼洒。

4. 鱼种投放前的鱼种消毒

放养鱼可用 3% 食盐水浸泡 5~10min，鱼种成鱼的稻田在 6—7 月应套养 500~1 000 尾鱼种。鱼种放养前一般用 2%~3% 的食盐水浸泡 10~15min 消毒，再缓缓倒入鱼溜中。

5. 注意事项

（1）放鱼时，要特别注意水温差，即运鱼器具内的水温与稻田的水温相差不能大于 3℃，因此在运输鱼苗或鱼种器具中，先加入一些稻田清水，必要时反复加几次水，使其水温基本一致时，再把鱼缓慢倒入鱼溜或鱼沟里，让鱼自由地游到稻田各处，这一操作必须慎重以免因水温相差大，使本来健壮的鱼苗鱼种放入稻田后发生大量死亡。

（2）如用化肥作底肥的稻田应在化肥毒性消失后再放鱼种，放鱼前先用少数鱼苗试水，如不发生死亡就可放养。

（3）在养成鱼的稻田套养鱼苗时同样要将鱼苗先围于鱼凼内，待鱼苗长到不会被成鱼误食时，再撤去围栏。

（4）考虑水稻分蘖生长，可将鱼种先围于鱼凼内，待有效分蘖结束，再撤去围栏。

（5）选择水稻品种时应考虑耐肥力、抗倒伏性和抗病性，要选择耐肥力强、秸秆坚硬、不易倒伏、抗病力强的品种。

（三）日常管理

管理工作是稻田养鱼成败的关键，为了取得较好的养殖效果，必须抓好以下几项工作。

1. 防逃除害，坚持巡田

养鱼稻田要有专人管理，坚持每天检查巡视两次。田间常有黄鳝、田鼠、水蛇等打洞穿埂，还会捕捉鱼类为食，因此，一旦发现其踪迹，应及时消灭。另外，还要及时驱赶、诱捕吃鱼的水鸟。

稻田的田埂和进水口、排水口的拦鱼设施要严密坚固，经常巡查，严防堤埂破损和漏洞。时常清理进水口、排水口的拦鱼设备，加固拦鱼保护设施，发现塌方、破漏要及时修补。经常保持鱼沟畅通。尤其在晒田、打药前要疏通鱼沟和鱼溜，口埂漏水要及时堵塞修补，确保鱼不外逃。暴雨或洪水来临前，要再次检查进水口、排水口拦鱼设备及田埂，防止下暴雨或泄洪时田水漫埂、冲垮拦鱼设备，造成大量逃鱼。

2. 适时调节水深

养鱼稻田水深最好保持 7~16cm 深，养鱼苗或当年鱼种水深保持 10cm 左右，到禾苗发蔸拔节以后水深应加到 13~17cm。养二龄鱼的水则应保持 15~20cm。若利用稻田发花，在养殖初期，鱼体很小，保持稻田水位 4~6cm 即可。随着水稻生长，鱼体长大，适当增加水位，一般控制稻田水位 10cm 以上。

一般稻田因保水不及池塘，需要定期加水，高温季节需要每周换水 1 次，并注意调高水位。平时经常巡田，清理鱼沟鱼溜内杂物。

3. 科学投饲

饲料是鱼类生长的基本保证，最廉价的饲料是草。鲫鱼虽食性杂，但喜爱底栖动物，尤以软体动物为最爱，有机腐殖质也可接受。鲤鱼则不太挑食，无论粗细，一概全收。稻田养鱼前期以萍、草、虫等天然饲料及农家下脚料为主；中后期以商品饲料为主，主要有麦麸、豆饼、菜籽饼、小麦、米糠等。

投饵应严格按照"四定""三看"（定时、定质、定量、定位，看鱼、看水、看天）原则，并根据实际情况灵活掌握，一般坚持定点在鱼凼内食台上投饵，生长旺季日投两次：8～9时，16—17时，量以1～2h吃完为度。精饲料投放量为鱼种体重的5%～10%，有条件可适当投喂米糠、麦麸、豆饼、菜籽饼、酒糟和配合饲料等，以促进鱼的生长、提高鱼的产量。

4. 及时追肥

为确保稻谷和鱼类的生长，应根据稻、鱼的生长情况及时追肥，追肥要少量多次。一般每次施发酵腐熟农家肥 375～450kg/hm²，以保持坑中水色呈油绿、绿青色即可，既可作为水稻肥料，又可作为杂食性鱼类的饲料。

5. 防暑降温

稻田中水温在盛夏期常达 38～40℃，已超过鲤鱼致死温度（当年鲤鱼为38～39℃，二年鲤鱼为30～37℃），因此当水温达到35℃以上时，应及时换水降温。

（1）调节水温。当稻田水温上升为32～35℃时，应及时灌注新水降温。先打开平水缺口，边灌边排，待水温下降后再加高挡水缺口，将水位升高为10～20cm。

（2）防止缺氧。经常往稻田中加注新水，可增加水体溶氧量，防止鱼类"浮头"。若"浮头"现象已经发生，则应增加新水的注入量。

（3）避免干死。稻田排水或晒田时，应先清理好鱼沟（鱼坑、鱼窝），使之保持一定的蓄水深度，然后逐渐排水，让鱼自由游进鱼沟中。切忌排水过急而造成鱼搁浅干死。

6. 病害防治

养鱼稻田应施用低毒高效农药，如敌百虫、稻瘟净等。粉剂农药宜在早晨有露水时施入；水剂农药宜在无露水情况下喷施于叶面上。

（1）水稻农药施用。水稻施用农药应选择对鱼类毒性小、药效好的农药，如井冈霉素、杀虫手、扑虱灵、托布津等，必须按比例浓度用药。避免使用"1605""1059"，禁用鱼藤精、甲基对硫磷等对鱼类毒性大的农药。由于稻田养鱼后，鱼吃掉了一部分害虫，水稻病害有所减轻，单季稻田施药可适当减少 1~2 次。施药前，疏通鱼沟，加深田水至 7~10cm。粉剂趁早晨稻禾沾有露水时用喷粉器喷；水剂、乳剂宜在晴天露水干后或在傍晚喷药；下雨前不要喷药，以防雨水将农药冲入水中。施药时可以把稻田的进水口和出水口打开，让田水流动，先从出水口一头施。药物应尽量喷在稻禾上，减少药物落入水中，提高防病治虫效果，减低农药对鱼类的危害。

（2）鱼病防治。稻田养鱼主要是利用鱼稻共生的条件，提高农田效益。相对池塘养鱼，鱼病较少。稻田中危害鱼类的敌害有泥苔、水网藻、水蜈蚣、蜻蜓幼虫、水斧虫、红娘华、黄鳝、水蛇、田鼠等，这些敌害随时威胁着鱼的安全。实际上大部分地区在鱼病防治中主要是防治赤皮病、烂鳃病、细菌性肠炎、寄生虫性鳃病等。掌握鱼病流行季节，在发病前定期采取药物预防，能有效地防止鱼病发生。少数地区鼠害是稻田养鱼失败的原因。

鱼病防治坚持"以防为主，以治为辅"的原则，在鱼病易发季节，加强预防，出现病害及时治疗，要做好清田消毒、鱼种和饲料消毒、水质调节和药物的预防等工作。高温季节每半月用 10~20g/m³ 生石灰或 1g/m³ 漂白粉沿鱼沟、鱼坑均匀泼洒 1 次。若有条件将上述两种药物交替使用，可杜绝细菌性和寄生虫性鱼病。

7. 捕捞收获

捕鱼前先疏通鱼溜和鱼沟，使水流畅通，捕鱼时于夜间排水，等天亮时排干，使鱼自动进入鱼溜和鱼沟，使用小网在排水口处就能收鱼，收鱼的季节一般天气较热，可在早、晚进行。挖有鱼凼的稻田则于夜间把水位降至鱼沟以下，鱼会自动进入鱼凼。若还有鱼留在鱼沟中，则灌水后再重复排水 1 次即可，然后以片网捕捞。

若捕捞在水稻收割前进行，为了便于把鱼捕捞干净，又不影响水稻生长，可进行排水捕捞。在排水前先要疏通鱼沟，然后慢慢放水，让鱼自动进入鱼沟随着水流排出而捕获。如 1 次捕不干净，可重新灌水，再重复捕捞 1 次。

第五节　养鱼与养畜结合技术

养鱼与养畜结合目前生产上有鱼—猪、鱼—牛、鱼—羊、鱼—兔等模式，其中以鱼—猪综合经营最有代表性，是构成我国综合养鱼复合生态结构中一个重要的组成部分。

一、养鱼与养畜结合的优点

1. 解决肥料和饲料问题，降低生产成本

首先，养鱼与养畜结合可以解决肥料问题。畜的粪便可以肥水，粪便入池后，可以培养多种饵料生物，主要为浮游植物和浮游动物，还有细菌、底栖生物等。浮游植物是鲢鱼的主要食物，浮游动物是鳙鱼的主要食物，而底栖生物是鲤鱼、鲫鱼、青鱼等鱼类喜欢的食物。其次，综合养鱼还可以为养鱼直接提供饲料。一方面畜禽的粪肥中混有大量未消化的饲料，被畜禽撒出的饲料和畜禽消化道分泌物都可以被鱼类利用。

2. 增加收入，降低经营风险，提高市场竞争能力

养鱼与养畜结合除了养鱼以外，还增加了养猪、养牛等经营项目，可提供鲜鱼以外的其他产品，如肉、奶等，增加了收入，提高了经营抗风险能力。

3. 减少废弃物污染，保护和美化环境

随着畜牧业生产集约化程度的提高，专业化程度的加强，生产规模的扩大，生产中形成的废弃物也不断增加，发展养鱼与养畜结合，利用鱼类在生长过程中对农畜废物的净化能力，可把综

合养鱼场变成"废弃物处理场",既减少污染、保护环境,又增加健康食品和经济效益。

二、施猪粪的方法及措施

施肥时间最好在 8—12 时,这段时间更有利于粪肥的分解。分解过程中所消耗的氧气也可由光合作用得到补充。施肥鱼池应考虑放养滤食浮游植物的鱼类,避免浮游植物自身遮挡而阻碍光合产量。如果因施用猪粪鱼池里长出较多的水草,应放养适量草食性鱼类。

养猪废弃物不直接冲洗入池,而是先把猪圈肥料通过管道引进化粪池,而后用比较科学的办法施入鱼池。有的养殖场先把猪粪引入沉淀池,进入沉淀池的包括猪粪、尿、冲圈水和垫料,固态部分沉淀到底层,上层液态部分作为养鱼肥料。液态部分中包括粪尿里的可溶性物质、胶体颗粒及悬浮颗粒等,也可称作"浓缩污水"。规模较大的池塘综合养鱼场,将沉淀池里的大量液态肥料,通过管道系统引至塘口,利用喷头进行喷洒。一只喷头每分钟平均喷洒 200L 粪水。喷头最好固定在离水面 0.5~1.0m 处,喷洒时保证肥料能与空气充分接触,喷洒装置最好还能用于喷洒池水,以起到充氧或改善水质的作用。

小鱼塘或家庭养鱼不一定使用机械设备,将粪肥稀释并把较大团块打碎后,可用人工沿池边周围泼洒。较大的鱼池,为使施肥均匀,应尽量利用船只、机械装备,有两种方法。一是使用装有船尾机的施肥船,船边悬挂装粪铁笼,笼子铁栅间距 2.0~2.5cm,笼子容量根据施肥量而定,将笼子装满猪粪以后挂在船边,没入水面以下 10~20cm 处,当船于水面行驶时,形成的水流冲击笼内猪粪,就能达到鱼池均匀施肥的目的。二是船上装水泵,粪料通过漏斗先在船舱里稀释,然后利用船上喷头泼洒全池。

利用猪粪养鱼要注意两个问题,一是肥料过量缺氧,二是水质变瘦。必须随时进行鱼池水质的监测。

三、鱼—猪配合方式

鱼—猪综合经营的主要目的在于利用猪粪养鱼。因此，养猪与养鱼需要密切配合。

1. 单位面积鱼池与猪的饲养数量

单位面积鱼池搭配多少头猪，从理论上容易计算，每养成 1 头肉猪能养出鲜鱼 41 ~ 47kg，要使池塘生产出 6 000 ~ 7 500kg/hm² 的鱼，只需搭养 150 头肉猪就足够了。但事实上也许不会这样准确。因为生产中的生物、物理、化学等因素存在着相当复杂的关系，同时还涉及鱼的种类、气候条件和饲养管理水平。实际调查数字说明，综合养殖场搭配猪的头数为 15 ~ 75 头/hm²，这是因为综合养鱼场不可能仅利用单一的肥料或饲料。

2. 养猪与养鱼的周年配合

在鱼—猪综合经营模式中，以养肉猪居多。因此，把养猪周期与养鱼密切配合起来较为容易。肉猪每年饲养两圈，每圈饲养 5 ~ 6 个月。养鱼用肥量的 60% 集中于上半年，施肥高峰期为 2—3 月施基肥，5—9 月施追肥，此后的施肥量则逐月下降，至 10 月下旬一般不再施肥。所以，两圈猪饲养期的安排应为 2 月中旬至 8 月中旬为第一圈，7 月中旬至翌年 1 月中旬为第二圈。采用这样的安排，第一圈猪后期体重达到高峰，其排泄量也达高峰时，恰好为鱼池大量追肥时期所用。11 月至翌年 1 月的积肥，又恰好作为下一个养鱼周期的基肥。基肥用量一般占全年用肥总量的 40% 左右。

四、鱼—猪模式及养鱼种类

根据鱼—猪综合经营的特点及其在鱼池中形成的饵料基础，显然应以养殖鲢鱼、鳙鱼、罗非鱼为主，放养量可占 75%，另外 25% 可搭配放养鲤鱼、草鱼、鲫鱼等。具体来讲，可放养每千克 40 尾规格的鲢鱼 120kg/hm²，同样规格的鳙鱼 22.5kg/hm²，

3.3cm 罗非鱼 3 750 尾/hm²；也可放养每千克 60 尾的鲤鱼 15kg/hm²，每千克 20 尾的草鱼 6kg/hm²，并可适量投放鲫鱼、鳊鱼等。每年养两圈肉猪，每圈 30 ~ 45 头，这样搭养 60~90 头/hm² 猪，可获 3 000~3 750kg/hm² 的鲜鱼。

鱼—猪综合经营要特别注意施肥方法和鱼池日常管理工作。因为施猪粪的鱼池水质容易转化，往往出现两个极端的现象，即水质变瘦或水质恶化。据中国水产科学研究院淡水渔业研究中心测定，水温 19.6~24.6℃时，池水里总氮含量在施猪粪的第二天达到高峰；浮游细菌和浮游植物的生物量在第三天达到高峰；浮游动物生物量在第四天达到高峰。猪粪施入鱼池中的肥效大约是 100h。所以，水温在 20~25℃时，大致每隔 4d 施 1 次猪粪，猪粪的施肥量（以干重计）为池鱼总体重的 3%。水温升高，施猪粪间隔时间应相应缩短，以保持池水呈茶褐色，透明度为 20~40cm。

五、鱼—猪模式的发展

鱼—猪综合经营的方式已得到了进一步发展，有的养殖场增加养鸡，形成鸡—猪—鱼模式；有的猪粪先用于种草，转换为青饲料，形成猪—草—鱼模式。这就进一步扩大了鱼—猪模式的综合效益。

第六节　养鱼与养禽结合技术

养鱼与养禽结合是渔牧业系统中一个类型，目前有鱼—鸭、鱼—鹅、鱼—鸡等模式，以鱼—鸭模式发展比较完善，而且在国内外已广泛采用。因为鸭子既能陆地饲养，也能适应水面生活，利用鱼、鸭二者之间互利的生物学关系，不仅有利于促进鸭子肥育，也可以增加养鱼肥料来源，提高养殖综合经济效益（图 4-2）。

图 4-2　鱼—鸭混养

一、鱼—鸭混养的优点

1. 鱼塘养鸭可以为鱼增氧

通过鸭在水面不停浮游、梳洗、嬉戏，将空气不断压入水中，同时也将上层饱和溶解氧水搅入水的中下层，有利于改善鱼塘中下层水中溶解氧环境，可省去用活水或安装增氧机的费用。

2. 有利于改善塘内生态体系营养环境

由于长期施肥、投饵和池鱼排泄，容易造成鱼塘底沉积物，且多为有机质，通过鸭子不断搅动塘水，可促其有机质分解，加速塘中有机碎屑和细菌聚凝物的扩散，使其作为鱼饵。

3. 鸭可以为鱼类提供有机饵料

鸭粪中含有大量的有机物，并含有 30% 以上的粗蛋白质，皆为优质鱼饵。某些成分经细菌分解释放出的无机盐又正好是浮游生物的营养源，促其繁殖，成为鲢鱼、鳙鱼的良好饵料。

4. 有利于鱼、鸭寄生虫病的防治

鸭能及时采食漂浮在鱼塘中的死鱼和鱼体病灶脱落物，从而减少病原扩散蔓延；鸭能吞食很多鱼类敌害，如水蜈蚣等；鸭还能清除因清塘不彻底而生长的青苔、藻类；鱼塘养鸭，有害水鸟也不敢任意降落；鸭子游泳洗毛，使鸭体寄生虫和皮屑脱落于水中，为池鱼食用，从而减少鸭本身寄生虫病的感染。

据报道，鱼—鸭混养每个劳动日的纯收入是单养鸭的 4.73 倍，每亩平均收入混养是单养鱼的 2.5 倍，在不增加饲料、肥料的条件下，每亩水面可多产鱼 100~250kg，增产 15%~35%，还可多产鸭蛋和鸭肉。

二、鱼池养鸭方式

现阶段实行鱼鸭综合经营主要有三种方式。一是放牧式。即将鸭群散放于池塘或湖泊水面，傍晚赶回鸭棚。这种方式有利于大水面鱼类养殖，也可节省一部分鸭饲料，但对鱼增产效果不大。二是塘外养鸭。即在鱼池附近建鸭棚，并设置水泥活动场、活动池，每天将活动场上的鸭粪、残余饲料冲洗到鱼池中。这种方式便于鸭群集中管理，但不能充分发挥鱼—鸭共生互利的长处。三是直接混养。用网片、纱窗布等材料在鱼塘坝埂内侧或鱼塘一角，围成一个半圆形鸭棚，作为鸭群的运动场或运动池，把鸭直接放养在鱼池上。鸭棚朝鱼塘的一面，要留有宽敞的门，便于放鸭下水和清粪。大水面和鸭数多的鱼塘可不设围栏。这种方式能较好地发挥鱼—鸭共生互利的生态效应，是国内外常见的鱼—鸭综合经营方式。

三、鱼鸭共养的合理搭配

鱼池养鸭一般通常每公顷鱼池搭配 1 200~2 250 只鸭子比较适宜。若放鸭过多。鸭粪沉积，水质过浓，会造成鱼塘缺氧，甚至造成鱼种死亡。若放鸭过少，则水质过淡，产生的浮游生物少，耗料多，也会影响鱼塘的经济效益。同时，鱼塘里宜放养上、中、下三层鱼，分层吞食饵，避免浪费。以每只鸭年产粪40~50kg 计，养鸭鱼池比不养鸭的每亩要多产生 3 600~7 500kg 肥料，以培肥塘水，繁殖大量浮游生物，为鲢鱼、鳙鱼生长提供充足的饲料。养鸭鱼池如以鲢鱼、鳙鱼为主，每亩可分别投放鱼种 50~75kg, 1 000~1 500 尾。如以养草鱼、青鱼为主,每亩投放鱼种 75~150kg, 1 000~1 500 尾。饲养得法,每亩净产鱼可达 400kg 以上。

四、日常管理

为了便于鸭群的集中管理,可用旧网片、纱窗布等材料围一部分鱼池作为鸭的活动池,以每平方米水面养 2~4 只鸭为好,网片高度在水面上下各 40~50cm,以便鱼儿自由进出觅食,即使套养小鱼种也可减少损失。每天早晚在池埂活动场给鸭投饲,傍晚待鸭进棚后,将场地鸭粪清扫入池。早晨赶鸭出棚,捡蛋后要将棚内鸭粪清扫入池。夏季鸭群排粪量大,水质过肥,要及时加注新水,并减少施肥量。鸭龄大、排粪多时,鸭塘要半水半干,使鸭有一部分在陆地上排粪。此外,夏季还要注意换水增氧。

五、鱼—鸭模式的发展

在鱼牧业系统里,鱼—鸭综合经营是经济效益较高的综合养鱼模式。它还可以横向发展,即利用堤岸或斜坡种植青饲料;利用生活废弃物培养蚯蚓等;对鱼、鸭、蛋进行深加工。鱼—鸭综合经营还可发展成鱼—鸭—草或鱼—鸭—稻等三元或多元模式。

第五章　减量化生产模式推广新技术

第一节　减少化肥、农药及其他农用资料使用

一、减少化肥使用

近40年来，世界化肥施用量增加了15倍，而粮食产量仅增加了3~4倍，这意味着施用化肥的自然成本越来越高，我国也如此。据保守估计，如果我国肥料利用率提高10%，以我国现有化肥消费水平计算，每年可节约化肥成本100亿元以上。因此，减少我国肥料使用量、提高肥料利用率既可以降低生产成本，又可以治理土壤污染、水体污染，确保农产品的安全和广大人民群众的身体健康和生命安全。

1. 增加农家有机肥施用量

增加农家有机肥施用量，以有机肥替代化肥，充分利用农家有机肥源，改进有机肥保管施用方法。对于粪厩肥，可以结合现实情况，合理利用。如粪坑加盖、粪水中添加过磷酸钙等都是有效的措施。对于秸秆，要解决合理利用问题。要利用机械收割迅速发展的有利时机，从机械方面、施肥技术方面、栽培措施方面解决秸秆还田的实际问题，促进秸秆还田的发展，发展食草畜禽增加秸秆的饲料用量，也有利于增加秸秆回归农田的份额；适当结合发展畜牧业，扩大绿肥、牧草种植是增加有机肥的重要措施。要充分利用冬季闲田，扩大种植绿肥、牧草，从政策、品种、栽培技术、绿肥牧草利用方法等方面解决发展的实际问题，促进其发展。

2. 加快研发新型化肥和新型控释肥料

加强研制和生产对环境温和的新型肥料和新型控释肥料，减轻环境污染，提高肥料利用率。以新型控释肥料为例，随着时代进步和科技发展，人们发现化学肥料可以经过加工制成养分缓慢释放的肥料，控释肥料（CRF）和缓释肥料（SRF）已成为提高化肥利用率的重要手段之一，也是世界肥料再加工技术的发展趋势。该技术的肥料除可直接作为肥料施用外，还可以作为生产BB 肥（散装掺混肥料）的原料，与通用肥料配合成具有长效、速效、缓效多功能的农用肥料，发展前景广阔。欧洲标准委员会对缓释肥料定义如下，即肥料中养分在 25℃下能满足下列条件则可称为缓释肥料，24h 释放率不大于 15%；28d 释放率不超过 75%；在规定的时间内至少有 75% 被释放。控释、缓释肥的主要制作方法有以下几种。

（1）有机氮化合物。尿素与醛类的缩合是当今常用制备方法，其中脲甲醛（UF）是最常见的作为缓释氮肥的有机氮化合物，目前仍是世界范围内 CFR 和 SRF 占比例最大的一类，其产品是由分子量不等的二聚体和低聚体组成的混合物，含氮量一般为 37%~40%，链越长则氮的释放就越慢。此外，还有几种较好的产品：异丁叉二脲（IBDU），含氮量 31%，大多数可溶于水，氮的释放率主要是由于化学分解作用引起的，因此取决于颗粒大小和土壤中水的含量；丁烯酰环脲（CDU），是在酸催化下尿素与乙醛的反应产物，为环状结构，含氮约 30%，在水解和生物降解作用下释放氮，释放率与颗粒大小、土壤温度、水分含量和pH 值有关。

（2）包裹法。指用某种物质将养分包裹起来，再通过这种包裹物质的某种特性将养分释放出来的方法。这种肥料又分包裹型和包膜型两类。包裹型肥料的包裹物质多为低分子有机或无机化合物，依靠渗透性涂层，水分可从包裹物中的裂线或微孔中进入，溶解包裹在核心的肥料，并使之从孔缝中释放出来。该类肥料对于养分释放速率影响因素太多，尚难以达到控释要求。

（3）包膜法。依靠渗透性涂层，通过摩擦、化学或生物作用打开这种涂层后释放可溶性肥料，按包膜粒径的大小可分为宏包膜和微包膜。宏包膜是指通过包膜物质包裹肥料，并形成毫米级颗粒，如涂硫尿素（SCU）、醇酸类树脂包膜肥料、聚胺酯类树脂包膜肥料、热固性树脂包膜肥料、天然多糖及其衍生物包膜肥料等。微包膜是通过包膜物质包裹肥料，并形成微米级的颗粒，主要通过膜的渗透和降解来达到缓释目的，其控释效果优于宏包膜，是今后发展的方向。宏包膜与微包膜只是相对概念，无绝对分界线。

（4）载体法。即选择高分子材料为载体包裹或吸收肥料养分成为供肥体系。随着纳米技术及材料的发展，将其应用于控释肥料已有初步的研究成果，如在普通碳酸氢铵生产中添加纳米材料（DCD）形成共结晶体的改性碳酸氢铵，以实现长效功能等。

另外，在包涂材料时可按农作物和土壤养分要求增补中、微量元素，以达到较为理想的效果。

3. 采用掺混肥提高化肥利用率

通过对施肥技术和方法的改进，大力推行配方施肥、测土施肥等新方法，推广精准施肥等新技术。将微量元素及有机肥混合配方使用，同时结合其他方法，提高利用率，减少肥料损失，改善土壤成分、提高农作物产量。掺混肥是指含有两种或两种以上的颗粒单质肥料或复合肥料的机械混合物，是在化肥生产、销售和农业生产基础达到较高水平后才得以实现的产肥、用肥方式，具有生产工艺简单、操作灵活、生产成本低、基本无污染并可因地制宜发展等特点。掺混肥的生产要点是如何获得养分分布均匀、养分比例和形态符合当地土壤、作物、耕作史、气候等的农化要求。合格的颗粒基础肥料及化学性能是掺混肥的基础。随着农业生产机械化程度及科学施肥水平的提高，单一养分肥料直接施用量逐步减少，大部分被加工成复混肥料使用。农民已逐渐改变传统的施肥习惯，对优质高浓度复混肥料的需求量不断增加，并且要求复混肥料为一次性基施肥料。开发缓释肥料与速效肥相配合的掺混肥，即常规的氮、磷、钾三元复混肥与缓释氮肥掺混施用。

二、减少农药使用

农药是重要的农业生产资料，对一些病虫草害来说，化学防治迄今仍是最为有效的防治方法。据联合国粮农组织调查，如果不使用农药，全世界粮食总收成的一半左右将会被各种病、虫、草、鼠害所吞噬。21 世纪农药在可持续农业发展的有害生物治理中仍将起重要作用。我国是农业有害生物灾害较为严重的国家。据统计，我国每年使用农药防治病、虫、草、鼠害挽回粮食损失350 亿 kg 以上，棉花 3 000 万 kg，水果 52 亿 kg，挽回损失 600 多亿元。由此可见，农药的使用在农业生产中发挥了巨大的优势作用。除此之外，农药还具有以下特点。一是适应面广，几乎大部分种类的农业有害生物都可防治。二是操作简单，一般借助喷雾器，群众容易掌握使用，省工、省时。三是作用快速，一般施用农药几天内即可见效。四是成本低，经济效益显著，农药喷洒后，一般都能达到农业有害生物种群不再为害的程度。有的药剂施用 1 次，即可解决农作物 1 个生长季节的某些种类有害生物。五是可以应急，特别是当某些虫害暴发时，农药防治是唯一可以选择的有效措施，如蝗虫、稻飞虱的防治。即使是在农业科技较为发达的国家，农药的使用也不可能完全由农业防治、物理防治、生物防治、基因工程防治等其他植保措施取代。但是高毒、高残留农药和过量使用农药对人体危害很大，还严重制约着我国农产品的出口，因此，在条件许可的情况下应大力发展减少农药使用量的农业生产模式。

1. 使用生物防治技术

大力推广综合防治、生物防治办法，通过生物措施防治农业病虫害，如运用生态良性循环办法来吸引和繁殖各种鸟类，引进与保护害虫的天敌，利用害虫的天敌减少农药使用量，改善农业环境质量。其他生物防治技术还包括：选用抗病和抗虫品种、合理轮作等。

2. 使用绿色农药

为避免农药对环境的污染和人畜的危害，必须研制开发对环境温和的绿色农药。开发高效低毒、低残留的农药，开发生物农药取代化学农药，强调对有害生物的生物治理。生物农药是具有杀虫杀菌能力的生物活性物质，如杀害虫的苏云金杆菌毒蛋白和活生物制剂等。生物农药具有简便、有效、对生态和环境安全等优点。还可以大力发展沼气，用沼液代替农药。农业技术推广部门要大力推广"高效、低毒、低残留"的农药，积极开发应用生物农药，尽快淘汰高毒高残留农药在农业生产上的使用。农药生产企业要加强无公害农药或基本无公害的化学农药的研制，使农药使用向"安全、高效、经济、环保"的方向发展。

3. 科学用药

发挥植保系统的优势，引导农民科学用药。农业行政主管部门要有计划、有步骤地利用广播、电视、报刊、现场示范等多种形式，搞好技术培训，向广大农民群众广泛宣传《农药安全使用规定》《农药合理使用准则》的重要性和必要性，普及农药安全使用知识，大力提高农药使用者的安全用药意识，让广大农民群众自觉做到有计划地轮换使用安全、高效、经济的农药，确保农产品中农药残留量不超过国家规定的最高残留量，环境污染不超标。科学使用是在掌握农药性能的基础上，合理用药，充分发挥其药效作用，防止有害生物产生抗药性，提高防治效果，并保证对人畜、植物及其他有益生物的安全，提高经济效益、社会效益和生态效益。科学使用农药的具体措施有以下几项。

（1）针对防治对象对症下药。农药的种类很多，由于性能不同，都有各自的防治对象。一般来说，杀虫剂只能杀虫而不能防治病害，杀菌剂只能防治病害而不能杀虫，除草剂用来消灭杂草，而不能防治病虫。如抗蚜威只能用来防治蚜虫，三环唑只能用来防治稻瘟病。根据病虫发生的特征，选用适当的农药，是科学使用农药的关键。如防治地下害虫地老虎用毒饵、毒土或拌种的方法最恰当，而用喷雾法则无效果，在防治稻飞虱时要先将水稻3~4行分成一厢，并露出较宽的行间，在用大功臣或异丙威喷雾时，喷施水稻的中下部才能达到防治效果，如果将药剂喷到水稻的上部则不能达到防治效果，同时耗费了人力或财力。因此，在开展防治工作时首先要了解农药的有效防治对象及其特性，做到对症下药，才能充分发挥农药的作用，收到事半功倍的效果。

（2）抓住关键时期，适时施药。应根据病虫害的发生规律和发生时期适时施药，这样，一方面可以提高药效，另一方面可以降低用药成本和劳动强度。适时施药是减少农药使用量的关键。要做到适时施药，必须了解病虫草害的发生规律，做好预测预报工作。通常在病虫草害发生的初期施药，防治效果较为理想，因为这时病虫草发生量少，自然抵抗力弱，药剂容易将其杀死，有利于控制其蔓延。如稻纵卷叶螟要在三龄以前进行防治。一般防治病虫害应选择在晴天（阴天全天可施药）的 8—11 时和 16 时以后进行最好。因为 8 时农作物上的露水已开始晒干，正是日出性害虫活动最旺盛的时候。16 时以后日照减弱，是大量夜出性害虫开始活动的时间，有利于提高防治效果。在这段时间内防治，施药时间不长，温度不高，农药不易挥发、分解，可避免施药人员中毒事故的发生。同时在施用农药时，要采取个人防护措施，并注意个人卫生。施过农药的田间，应设置标记，防止人畜进入造成中毒事故。同时严把安全间隔期，保证食品安全收获。

（3）合理混配农药，提高防治效果。在植保工作中，人们往往需要同时防治多种病虫，或者需要病虫草同时兼治，如果分别使用农药，增大工作量，防治成本也高。因此，人们把两种或两种以上对生物具有不同作用的农药混合在一起使用，同时兼治几种病虫草害，这就是农药的混合使用。农药混合使用的好处很多，主要是能够扩大防治范围，延缓病虫抗药性的产生，提高防治效果。如杀草丹与扑草净混合施用可防除多种水稻杂草。农药的混用还能简化程序，节省劳力，有利于及时抓住防治时机，并能降低对人畜的毒性，减少对环境的污染，但一般农药不能与碱性农药混合施用。

（4）合理轮换使用农药，严格控制使用浓度。由于农药在使用过程中不可避免地要产生抗药性，特别是在一个地区长期单一施用某一种农药产品时，将加速抗药性的产生，因此在使用农药时应合理轮换使用不同种类的农药以减缓抗药性的产生。在农药使用过程中，必须严格按照《农药合理使用准则》的规定，不可随意加大用药浓度，进行大面积、全覆盖式施用，以防过量的农药残留造成对农田、水域、地下水的污染，更要避免因大量杀伤天敌而严重破坏生态平衡。同时，应研究推广先进的喷雾器械，改变我国广大农村喷药器械"跑、冒、滴、漏"的现象，应用高效、新型施药器械防治农作物病虫害，是发展"无公害农产品"的重要环节，利用先进的喷雾器，既能提高防治效果，又能降低农药使用成本，提高农药的利用率。

（5）贯彻"预防为主，综合防治"的植保方针。在抓好预测预报工作的基础上，积极采取行之有效的农业、生物、物理、植物检疫等防治措施。积极组织推广安全、高效农药，开展培训活动，提高农民施用技术水平，并做好病虫害预测预报工作。规范农药使用行为，减少农药用量，降低农药残留，提高农产品品质，增强农产品市场竞争力。

三、减少其他农用资料使用

农业生产是在一定的自然条件下，投入必要的种子、肥料、饲料等生产要素，经过动植物转化生产农产品，满足人们生活需要的一种自然再生产和经济再生产过程。减少其他农用资料使用的发展模式具体有以下几类。

1. 减少农用塑料薄膜的使用

种植一些经济作物，如棉花、蔬菜时，大力推广塑料薄膜的使用，这是一种好的栽培方式，但同时也造成了农田"白色污染"。要有效改善这种状况，一是通过更好的栽培技术减少塑料薄膜的使用；二是如果大量使用了塑料薄膜，要通过专门技术有效地回收和处理；三是使用可降解环保型的地膜。由于塑料地膜会造成严重污染和资源浪费，因此，应加大可降解地膜研究开发的力度，同时采取切实可行的措施，提高地膜的回收利用率。

2. 减少种子投入

农民种 1 亩小麦一般要 15kg 种子，而科学用种只需 10kg，每千克种子 2 元多，可节约 10 元以上。安徽省东至县龙泉镇推广水稻旱育稀植和抛秧技术，经试验，每亩可节约早稻种 6kg，节约杂交晚稻种 1.5kg，每亩可节约种费 27 元。采用先进的技术设备和科学的方法做到精确播种、精准收获。既可以节约大量的优质种子，又使作物在田间获得最佳分布，提高复种指数，提高对光、水、肥的利用率。在农作物收获时，做到适时收割，减少农作物损失，挽回的不仅是损失的粮食，还有为生产这些粮食而耗费的水、肥以及劳动力。

3. 农业机械生产减量化

在生产中，科学合理的设计，是循环经济的首要环节。制造商可以通过减少每个农机产品的物质使用量、通过重新设计制造工艺来节约资源和减少排放。在产品设计中，尽量采用标准设计，使一些装备不断升级换代，而不必整机报废，使产品在生命周期结束后，也易于拆卸和综合利用；尽量使之不产生或少产生对人体健康和环境的危害。

第二节　节约土地、水及其他生产要素

一、节约土地

对土地资源，要坚决贯彻保护耕地的基本国策，加强耕地特别是基本农田的保护力度。要贯彻"管住总量、严控增量、盘活存量、集约高效"的原则，落实国家对土地供应的指令性计划，从严从紧、有保有压、加强建设用地的管理。要严格执行土地使用标准，严格限制高耗能、高耗水、高污染和浪费资源的建设项目用地。要做好城镇存量土地的调查，及时总结各地经验，不断完善政策法规，推进城乡建设用地的整理，促进节约集约用地。要认真抓好新一轮土地利用总体规划的修编，不断调整和优化土地利用结构，统筹安排农业、非农业及生态用地。具体来说，有以下几个方面。

1. 推广高产作物

农业上的高产优质，从用地意义上说就是减量化。比如，普通水稻每亩产量为 500kg，而超级水稻每亩产量可达 800~1 000kg；常规玉米每亩产量为 500kg，优良品种玉米每亩产量可达 1 000kg。生产同样重量的水稻或玉米，如使用良种，土地面积则可大大减少。又如，广西贵糖集团过去的原料甘蔗是老品种，产量低，每亩产甘蔗3.5~4t，含糖量只有 10%~12%；而引进的优良品种新台糖 22 号每亩产量为 8~10t，含糖量达 15%左右。每亩优良甘蔗品种的产糖量相当于老品种产糖量的 2~3 倍，生产同样产量的糖就可大大减少种植面积。以每公顷甘蔗产量约 80t 计，则节约农地 625hm^2。

2. 发展立体种养

发展立体种、养技术也是节约土地资源的有效途径。立体种、养技术能够充分利用土地资源和耕地资源。如林粮、果粮、粮菜、果菜的间作、混作、套作等形式的多元立体种植；池塘混养、稻田养鱼（稻—鱼立体共生）等立体种养技术。

3. 发展有机生态无土栽培

无土栽培是指不用天然土壤，而使用基质。不用传统的营养液灌溉植物根系，而使用有机固态肥并直接用清水灌溉作物的一种栽培技术。有机生态型无土栽培技术，除具有一般无土栽培的特点，如提高作物产量和品质、减少农药使用、产品洁净卫生、节水节肥省工、利用非耕地生产蔬菜等外，还具有如下特点。一是有机固态肥取代传统的营养液。传统无土栽培是以各种化肥制成一定的营养液。二是有机生态无土栽培是以各种有机肥或无机肥的固体形态直接混施于基质中。三是操作管理简单。四是大幅度降低了土地栽培设施系统的一次性投资。五是大量节省生产费用。六是对环境无污染。传统无土栽培因其排出液中盐浓度过高而污染环境。七是可达"绿色食品"施肥标准。总之，有机生态型无土栽培具有投资省、成本低、用工少、易操作和高产优质的显著特点，它把有机农业导入无土栽培，是一种有机与无机农业相结合的高效益低成本的简易无土栽培。

4. 节约建设用地

由于缺乏发展规划，农民在建房时一般存在很大的随意性，随意选址、任意扩大宅基地现象比较普遍。这种分散的布局不仅不利于村镇进行统一的街道、管线、绿化和公共文化服务设施的配套建设，而且还造成严重的土地资源的浪费。因此农村地区修建住宅、养殖场、乡镇企业、马路等基础设施时，都应注意节约用地、集约用地，大力发展节能省地型建筑。

二、节约水资源

农业用水受季节、气候的影响比较大，灌溉用水主要集中在春、夏、秋三季，而污水处理厂的出水是比较均匀的，这就要求有适当的存储冬季污水厂出水的用地，或者在冬季的时候供给农业用水的管道关闭检修，将水量转移到其他的用途当中，以达到最大限度地节水目的。要大力发展节水农业，推广先进实用的节水技术，即使是水多地区也要注意节约用水。

1. 种植耐旱作物

农业特别是水稻，是高耗水产业。应通过改革种养技术，推广水产陆基养殖方式和耐旱作物种植，节约水资源。选择耐旱作物品种，从根本上减少农业用水。在建立高效节水作物种植结构的基础上，着重研究和开发各类节水抗旱优质高产作物品种。旱作农业要从整地改土入手，以蓄水保墒提高降水利用率为目标，重点推广抗旱品种及其配套技术、生物覆盖技术、少耕免耕保墒综合耕作和过腹还田技术。

2. 加强高标准旱作基本农田建设

根据旱区低产易旱耕地和坡耕地现状，分别采取坡改梯生土熟化、蓄水窖池配置、生物篱埂配置、深松改土和生物有机肥技术、田间防护林带等措施。建设高标准旱作基本农田，旱平地地面坡地小于 5°，耕层土壤达到 25cm 以上，耕作土体厚度达到 50cm 以上，以增强抗旱蓄水能力，提高集约经营水平，确保粮食供给稳定，促进退耕还林还草和农业结构调整。同时加强旱区集雨节灌补水工程建设，主要包括地下窖蓄积雨水、地表蓄水池、旱地保水设施、低压输水管灌、微喷灌、滴灌、渗灌等。因地制宜，重点构建蓄积雨水设施和旱地保水设施，配置成套节灌设备、灌溉施肥及用药器械等。

3. 推广高效灌溉工程建设

根据我国的实际情况，开发新水源用于农业生产可能性很小，现实可行的办法就是提高水的有效利用率。推广高效灌溉工程建设，要按照因地制宜、高效实用的原则。平川区可以大力推广喷灌、滴灌、渗灌、地膜下灌溉和渠道防渗等多种形式的节水灌溉技术。山区可以大力推广各种小型的集雨集流节水工程和小泉小水工程，同时结合流域水土保持工程，使既无地表水又无地下水的山区，通过调节储蓄天然降水的办法，解决水资源时空错位的问题。也可以通过设计节水灌溉自动化控制系统，通过系统在农业循环经济中的应用，充分提高灌溉水的利用率，实现节水灌溉的现代化和管理的科学化，大大减少灌水时的劳动强度，节约大量的劳动力和能源，节省运行费用，同时有利于作物生长，提高作物的产量和质量。在灌区骨干工程完成的基础上，进行田间节水配套工程建设，实施土地平整、大畦改小畦、灌水格田修建、深耕与深松、增加土壤耕层厚度和有效土层厚度等措施，提高灌区土壤蓄水能力。提高灌溉均匀度，在灌溉保证率提高的前提下，提高自然降水利用率，改进地面灌溉。

4. 普及非工程性抗旱节水技术

根据灌区和旱区不同自然条件和作物品种，充分运用有利于提高降水和灌溉水转化效率的农艺管理技术，采取有机培肥、生物覆盖、地膜覆盖、保护性耕作（免耕、少耕等）、沟垄种植、行走式节水灌溉技术、种植结构、抗旱新品种、抗旱保水剂、土壤改良剂、蒸腾抑制剂、抗旱种衣剂等农艺节水技术，进行合理的组装配套，实施土肥水种一体化调控。减少土壤表层蒸发损失50%，减少灌溉次数和灌溉定额，使灌溉水的生产效率提高20%。保证粮食产出和产品质量。

以研发抗旱保水肥为例。保水肥是将保水剂与肥料相结合，保水剂由于自身特殊的化学结构能大量吸收水分（可达自身质量的千百倍），所吸收的水分在外界压力下不渗透，具有保水功能，形成的胶囊能成为植物生长的"微型水库"，在作物生长过程中既提供水分又提供养分，使宝贵的水资源得到充分利用，减少抗旱劳作，以提高旱作农业的生产效率。保水剂在国外发达国家农业中的应用已相当广泛，我国尚处于起步阶段，离实际需求差距甚大。

抗旱保水肥生产技术的研究与开发属于多学科交叉过程，如农学、土壤学、高分子化学、肥料加工技术等。该技术的特点是将具有高吸水性、高保水性、高耐盐性及耐酸碱性的树脂与肥料有机结合，通过大量的实验室研究、结构表征、扩大试验、工程放大，确定合适的制造技术和工艺条件。其产品具有以下特点：能够向作物有效提供满足其生长所需的养分；能够有效吸收自然水（地表水、雨水等）并具有较强的保水性能，在干旱条件下有效释放自由水，延缓作物因干旱少雨而带来的凋萎期；对作物的生长无毒害，对作物的品质无不良影响；对环境无污染；能取得一定的经济效益。

5. 推广灌溉制度化管理

在灌溉保证率达到80%以上的灌区，建立土壤墒情监测体系。应用计算机信息技术、先进快速的测试方法和数据处理集成技术，进行目标管理和决策，实行视土壤墒情灌溉和湿润层控制灌溉。同时依托农民专业协会等农村组织，建立用水管理信息网，探索在当前联产承包责任制下，农民种植分散的条件下的节水灌溉管理系统。

通过加强土壤墒情监测技术与种植信息网络建设，提高土壤墒情的动态监测预警预报能力和工作时效，为发展节水农业提供科学依据，为水资源的统一管理，逐步推行灌溉用水限额定价创造条件。

三、节约其他生产要素

节约饲料用粮，有利于保障我国粮食安全。牛羊等反刍家畜是复胃动物，能利用瘤胃中的微生物消化秸秆中的纤维素，作为能量饲料可节约大量的粮食。同时，利用反刍动物的消化特点，在秸秆饲料中也可添加一定量的尿素，通过瘤胃中的微生物将无机氮转化为蛋白质，可降低生产成本。在我国人口与耕地资源矛盾日趋紧张的情况下，利用农作物秸秆发展草食畜牧业，既可节约粮食，又可增加食物的供应，对于保障我国的粮食安全、食物安全具有重要作用。到目前为止，我国通过青贮氨化措施等利用的作物秸秆已达 20 500 万 t，节约饲料粮 4 450 万 t。如果扩大利用 2 亿 t，大约可再节约饲料粮 4 000 万 t，相当于增产等量的粮食。

第六章 再利用生产模式推广新技术

第一节 农业废弃物肥料化模式

有机肥料来源于动植物，以提供农作物养分为主要功效的含碳物料。有机肥料不仅含有植物所需的大量营养元素，而且还含有多种微量元素，是一种完全肥料。有机肥料中所含有的有机物质是改良土壤、培肥地力不可替代、不可缺少的物质。长期施用有机肥料可增加土壤微生物数量，提高土壤有机质含量，改善土壤理化性状。有机肥料在分解过程中形成的腐殖质是一种弱有机酸，它在土体中与无机胶体结合形成有机—无机胶体复合体，可熟化土壤，调节土体中水、肥、气、热状况。腐殖质对重金属离子具有吸附力强和选择性吸附的特点，对重金属污染有明显的减毒效果。

一、有机肥料资源

根据产生环境或施用条件、类似性质功能和制作方法，有机肥料可分成类尿类、堆沤肥类、秸秆类、绿肥类、杂肥类、饼肥类、海肥类、农用城镇废弃物类、腐植酸类、沼气类及商品有机肥料类等。目前可以使用的农业废弃物有机堆肥资源主要包括以下几类。

1. 人畜禽粪尿资源

粪尿是动物的排泄物，具有养分全、含量高、腐熟快、肥效好，资源丰富等特点，是优质的有机肥料。粪尿类包括人粪尿、家畜粪尿、禽粪等。资料表明，一个千头奶牛场，可日产粪尿

50t，一个千头肉牛场日产粪尿 20t；一个千只蛋鸡场，日产粪尿 2t；一个万头猪场每天排出的粪尿约 20t。

2. 秸秆资源

秸秆是农作物收获后的副产品，其含有大量的有机碳和各种营养物质，是重要的有机肥资源。秸秆是一项数量巨大的有机肥资源，中国粮食平均年产量在 5 亿 t 左右，由此产生的秸秆总量高达 6 亿 t。秸秆在过去一直是作为农民的燃料和建草房的建筑材料使用，但近年来，随着农民生活水平的提高，农村燃料逐渐转为煤、液化石油气、沼气等，草房也逐渐被砖瓦房、楼房等替代，秸秆不再作为建筑材料使用，而粮食产量大幅度提高，秸秆数量剧增，如何消化、利用数量如此巨大的秸秆成为问题。由于农民缺乏有效的利用手段，往往将其付之一炬，在经济发达和较发达地区更为突出。焚烧秸秆浪费了大量生物资源，损坏了土壤墒情。部分地块由于秸秆的集中堆放焚烧，造成了土壤有机质的大量损失、土壤结构破坏，严重影响农业的可持续发展。焚烧秸秆不仅浪费资源，而且容易引发火灾，严重污染大气，影响人体健康，还对工业生产和交通造成不利影响。近年来秸秆制肥只消耗秸秆总量的 32%，还有很大的利用潜力。

多积、多造、多用有机肥料，对于改良土壤、培肥地力、提高化肥肥效、发展生态农业、增加产量、降低成本以及净化城乡环境，都具有十分重要的意义。因此，采取相应对策，发展有机肥料，提高有机肥施用比例，有机、无机肥料配合施用，对作物优质高产、培肥地力，建设良好的生态环境，促进我国农业循环经济发展十分重要。

二、有机肥料生产

有机肥料是利用各种畜禽粪肥和城乡有机废物，经过工厂化发酵和制造，具有养分浓缩高效和无害化特点，便于运输和使用。但实际生产中有机肥料应用推广不足，主要原因：一是农民堆沤有机肥的积极性逐渐下降，有机肥的质量不高；二是地区之间有机肥生产和施用发展不平衡，在有机肥中，农家肥利用比较充分一些，城市人粪肥应用很少；三是缺乏相应配套的物资和资金进行扶持，开发应用新技术和研究工作进展缓慢。据抽样化验，高温堆肥有机质和速效氮、磷、钾的含量较低，利用率不高。因此，大力发展商品有机肥料生产对充分运用有机堆肥具有重要意义。

1. 畜禽粪便有机肥料生产

畜禽粪便中含有大量的有机物及丰富的氮、磷、钾等营养物质，是农业可持续发展的宝贵资源。数千年来，农民一直将它作为提高土壤肥力的主要来源。过去采用填土、垫圈的方法或堆肥方式将畜禽粪便制成农家肥。如今，伴随着集约化养殖场的发展，人们开展了对畜禽粪便肥料化技术的研究。具有一定规模的养殖场应该采取禽畜粪便的干湿分离措施，实施雨污分离、固液分离。所有禽畜舍安装地下管道，禽畜舍、机器设备等的清洗用水和降水从明沟排放，排放的畜尿、少量粪渣和冲洗污水，汇集到沉沙池，沉沙后进入固液分离池，固体部分送到干化场，液体部分进入厌氧消化池。规模较小的养殖场为提高分离、运输效率，可实施相对简单的干清粪工艺。首先用锯木屑等废屑吸干禽畜粪便，然后由人工将粪便、饲料残渣物统一收集到有机肥厂作为原料。液体粪便不易运输，可以就近输入沼气池发酵，产生的沼液、沼渣就近施肥。固体粪便可以作为生物有机肥厂的原料，集中收购运输到有机肥厂，加工为生物有机肥。

畜禽粪便有机肥料的生产方法有以下几种。

（1）堆肥法。堆肥是处理各种有机废弃物的有效方法之一，是一种集处理和资源循环再生利用于一体的生物方法。是在收集到的粪便中掺入高效发酵微生物如EM（有效微生物群），调节粪便中的碳氮比，控制适当的水分、温度、酸碱度进行发酵。这种方法处理粪便的优点在于最终产物臭气少，且较干燥，容易包装、撒施，而且有利于作物的生长发育。堆肥存在的问题是处理过程中有 NH_3 的损失，不能完全控制臭气，而且堆肥需要的场地越大，处理所需要的时间越长。有人提出采用发酵仓加上微生物制剂的方法，可以减少 NH_3 的损失并能缩短堆肥时间。

（2）厌氧发酵方法。厌氧微生物充分发酵畜禽排泄物并将其转化为肥料，比普通堆肥法效率更高。其中心技术是厌氧固氮发酵。畜禽粪便在通过厌氧发酵提取生物质能以后，其中的氮、磷、钾等营养物质仍存留在沼渣、沼液中，以其作肥料使用，其中的营养成分更易于被作物吸收，且能提高农产品的产量和质量，也能减少化肥使用量，降低农业生产成本。根据不同畜禽排泄物的特点，采用厌氧微生物发酵法可将猪粪加工成颗粒状肥料。此外，在一些畜禽有机肥生产厂，常用的方法有快速烘干法、微波法、充氧动态发酵法。畜禽粪便有机肥料生产技术及工艺流程在逐步完善和提高。体现在采用的生产原料主要有畜禽粪便、骨粉、鱼粉、锯末、秸秆、豆饼、腐植酸等；发酵技术有了提高，许多厂家把生物菌用于有机肥的发酵，部分企业采用发酵仓发酵的方式，提高发酵速度和质量；工艺流程逐步规范，配料—翻拌—发酵—烘干造粒—包装，每个企业有自己完备的工艺流程；生产过程许多环节应用机械设备，设计生产能力比较大。

随着人们对无公害农产品需求的不断增加和可持续发展的要求，对优质商品有机肥料的需求量不断扩大，用畜禽粪便制成有机肥市场潜力巨大，可以生产有机无机复混肥、精制有机肥、生物有机肥料三种类型肥料。以长富六牧有限公司投资的一座以粪便、料渣为原料，年产 2 万 t 的有机肥厂为例，有机肥在发酵、干燥、制粒、熟化过程中，根据土壤养分供应状况和作物需要，添加氮、磷、钾养分和必要的中、微量元素，制成有机质含量高、养分齐全、速效和缓效性兼备、比例合理、肥效稳定的有机—无机复混专用肥，有机肥分一般专用肥和优质复混专用肥两种，每吨售价分别为 450 元和 550 元，产品销路很好，实现了粪便资源化和商品化。再如，以太湖生态农业示范区建设为例，太湖各地对禽畜粪便的综合利用和处理高度重视，在不断完善和规范原有的处理和利用方法的同时，积极发展畜禽粪便沼气厌氧发酵和生产商品有机肥等方法进行无害化处理。

2. 秸秆肥料化

农作物秸秆肥料化是利用秸秆富含有机质，将其用于改良土壤结构，增强耕地保水保肥能力的再利用形式，是建设循环型农业、保持土壤养分平衡、实现农业可持续发展的重要措施。秸秆肥料化主要技术有秸秆直接还田、堆沤还田、过腹还田、垫圈还田等。

直接还田是秸秆肥料化技术应用最普遍和简单的一种。但由于秸秆密度低、收获季节性强，收集和储存比较困难，直接还田存在以下两个方面的问题。一是由于直接还田所使用的机械设备造成地面粗糙，影响后茬作物种植；二是秸秆直接还田肥效率不高。沼液、沼渣肥效比秸秆直接还田要高 1~1.5 倍。为此，农业部门制定和完善秸秆利用政策，制定合理的原料收购政策，指导农民充分利用秸秆资源，使农民获得合理收益，调动和保护农民秸秆肥料化的积极性。

第二节 沼气模式

一、沼气模式原理和应用

目前，循环农业在农村最典型的运用就是农村沼气。农村沼气发展模式实施难度较小，可操作性较强。其原理是将农作物的秸秆、人畜粪便等有机物在沼气池厌氧环境中通过沼气微生物分解转化后所产生的沼气发酵产物（沼气、沼液、沼渣，俗称"三沼"）转化为能源，"三沼"可以有效缓解部分农村地区的能源紧张状况。沼气除可以直接用作生活和生产能源，或用于发电外；还可以养蚕，或保鲜、储存农产品；沼液可以浸种，可以代替农药作叶面喷洒，为作物提供营养并杀灭某些病虫害，可以作培养液水培蔬菜，可以作果园滴灌，可以喂鱼、猪、鸡等；沼渣可以作肥料，可以作营养基栽种食用菌，可以养殖蚯蚓等。它既有降本增效的功能，又能改善环境，保护生态，实现农业和农村废物循环利用，是广大农村发展安全优质农产品必不可少的重要条件。

利用沼气池这一工程，可以把农业和农村产生的秸秆、人畜粪便等有机废弃物转变为有用的资源进行综合利用，其主要模式：一是"三结合"，如沼气池—猪舍—鱼塘，沼气池—牛舍—果园，沼气池—禽舍—日光温室等；二是"四结合"，如沼气池—猪禽舍—厕所—日光温室（或果园、鱼塘、大田种植）等模式，是庭院经济与农业循环结合最典型的一种模式。在这种模式中，农作物的果实、秸秆和家畜排泄物都得到循环利用，输出各种清洁能源和清洁肥料，综合效益非常可观。不少地方原来经济比较落后，通过引导农民建设这种模式的家庭生态农业园，经济得到迅速发展，农民收入大幅度增加，被称为富裕生态农业园。但是，从总体看，目前我国畜禽粪便主要是作肥料直接使用，用于沼气原料的还比较少。随着畜牧业生产方式逐步转向规模化、小区化集中饲养，粪污也相对集中在规模化养殖区域，再利用模式在这方面应用的效益和可行性将越来越大。

二、沼气池的建设

沼气模式的应用，建设好符合标准的沼气池是第一步，要让农户能够管理好、用好沼气，必须要懂得发酵工艺和发酵条件。选取（培育）菌种→备料、进料→池内堆沤（调整 pH 值和浓度）→密封（启动运转）→日常管理（进出料、回流搅拌）。这个工艺是配套曲流布料沼气池产生的，原来叫曲流布料沼气发酵工艺。

1. 适宜的发酵温度

（1）常温发酵。也称为低温发酵，10~30℃，产气率可达 $0.15~0.3m^3/d$。

（2）中温发酵。30~45℃，产气率可达 $1m^3/d$ 左右。

（3）高温发酵 45~60℃，产气率可达 $2~2.5m^3/d$。

沼气发酵最经济的温度条件是 35℃，即中温发酵。

2. 适宜的发酵液浓度

发酵液的浓度范围是 2%～30%。浓度越高产气越多。发酵液浓度在 20% 以上称为干发酵。农村户用沼气池的发酵液浓度可根据原料多少和用气需要以及季节变化来调整。夏季以温补料浓度为 5%～6%；冬季以料补温 10%～12%；曲流布料沼气池工艺要求发酵液浓度为 5%～8%。

3. 发酵原料中适宜的碳、氮比例

沼气发酵微生物对碳素需要量最多，其次是氮素，微生物对碳素和氮素的需要量的比值称碳、氮比，用"C：N"来表示。目前一般采用 C：N＝25：1。但并不十分严格，20：1、25：1、30：1 都可正常发酵。

4. 适宜的酸碱度（pH 值）

沼气发酵适宜的酸碱度为 pH 值为 6.5～7.5。酸碱度会影响沼气发酵效率，主要是因为 pH 值会显著影响酶的活性。

5. 足够量的菌种

沼气发酵中菌种数量多少，质量好坏直接影响着沼气的产量和质量。一般要求达到发酵料液总量的 10%～30%，才能保证正常启动和高效产气。

6. 较低的氧化还原电位（厌氧环境）

沼气甲烷菌要求在氧化还原电位大于 -330mV 的条件下才能生长。这个条件即严格的厌氧环境。所以，沼气池一定要密封。

第三节　农业废弃物饲料化模式

有机废弃物饲料化生态工程是再利用模式要考虑的又一重要内容。我国目前每年农作物秸秆量 6 亿～7 亿 t，蔬菜废弃物 1 亿～1.5 亿 t，肉类加工厂（包括肉联厂、皮革厂和屠宰场）废弃物 0.5 亿～0.65 亿 t，都可以进行饲料化处理，潜力十分巨大。

一、秸秆饲料化

秸秆含有大量的营养物质，秸秆饲料化的主要模式是利用花生、山芋、玉米等农作物秸秆富含较高营养成分，通过青贮、微储及氨化等处理措施，使秸秆中的纤维素、木质素细胞壁膨胀疏松，便于牲畜消化吸收。秸秆饲料可以有效提高奶牛产奶量和质量，降低饲料和劳力成本，提高养殖效益，经科学处理，秸秆的营养价值还可大幅度提高。开发利用潜力巨大，发展前景广阔。如果全国能新增利用 2 亿 t 作物秸秆，粗略估算，可养 600 万头奶牛、2 700 万头肉牛，年产牛奶 2 000 万 t、牛肉 150 万 t，其粪污可产生沼气 217 亿 m³，相当于 1 540 万 t 标准煤。到目前为止，我国通过青贮、氨化等措施利用的作物秸秆已超过 2 亿 t，可节约饲料粮 4 450 万 t。如果再扩大利用这 2 亿 t 作物秸秆，可进一步节约饲料粮约 4 000 万 t。秸秆饲料主要是秸秆青贮、秸秆氨化盐化、秸秆机械加工和发展全混合日粮。

1. 氨化饲料

农作物秸秆不经过处理直接返回土壤，必须经过长时间的发酵分解，方能发挥肥效，参与再循环。但如果经过糖化或氨化过程使之成为家畜喜食的饲料，通过饲养家畜就可以增加畜产品产量，再利用家畜排泄物培养食用菌，生产食用菌后的残菌床又用于繁殖蚯蚓，最后将蚯蚓利用后的残余物返回农田作肥料，用于生物食物选择和排泄未能参与有效转化的部分也能得到利用、转化，从而使能量转化效率大大提高。

2. 青贮饲料

青贮饲料是农作物秸秆在密封无氧的条件下，由乳酸菌发酵作用而成，以其气味芳香、柔软多汁、适口性好等特点，成为牛、羊等草食家畜优质粗饲料之一，并可收到提高采食量、增加产奶量、改善膘情的较好效果。以玉米为例，一般从每年 9 月中旬开始陆续进入收获期，这也是开展玉米秸秆青贮的黄金季节。下面结合实际，就如何做好玉米秸秆青贮进行介绍。

（1）青贮设施的准备。青贮设施有青贮池、青贮塔、青贮壕等，以青贮池最为常用。青贮池应建在地势高燥，土质坚硬，靠近畜舍，远离水源和粪坑的地方，要坚固牢实、不透气、不漏水。内部要光滑平坦，上宽下窄，底部必须高出地下水位 0.5m以上，以防地下水渗入。青贮池一般分为地上、半地下和地下式三种。由于华北地区地下水位偏低，以半地下式为宜。

（2）收割时间的选择。玉米全株（带穗）青贮营养价值最高，应在玉米生长至乳熟期和蜡熟期收贮（即在玉米收割前 15~20d）；玉米秸秆青贮要在玉米成熟后，立刻收割秸秆，以保证较多的绿叶。收割时间过晚，露天堆放将造成含糖量下降、水分损失、秸秆腐烂，最终造成青贮料质量和成功率下降。

（3）玉米秸秆的切碎。为确保无氧环境的形成，玉米秸秆一定要切碎，长度以 2~3cm 为宜。小规模青贮池可人工铡碎；大型青贮池必须用切碎机切碎；玉米全株青贮，有条件的最好采用大型青贮联合收割机直接到玉米地里收割。

（4）玉米秸秆的填装。在装填时必须集中人力和机具，尽量缩短原料在空气中暴露的时间，装填越快越好，小型池应在 1d内完成，中型池 2~3d，大型池 3~6d。装填前，先将青贮池打扫干净，池底部填一层 10~15cm 厚的切短秸秆或软草，以便吸收上部踩实流下的汁液。大型青贮池从一端开始装起，用推土机推压结合，逐渐向另一端，以装至高出池口 1m 左右为宜；小型青贮池从下向上逐层装填，每装 30cm 人工踩实 1 次，一直装满青贮池并高出池口 70cm 左右。青贮饲料紧实度要适当，以发酵完成后饲料下沉不超过深度的 8%~10% 为宜。在装填时，适当添加尿素 0.5%、食盐 0.3%，能明显提高其营养价值。

（5）秸秆青贮的封池。装填至离池口 30cm 时，在池壁上铺塑料薄膜以备封池。青贮玉米如果收获适时，大部分为绿叶，水分为 60% 左右可不必加水；若黄叶占一半以上，即应加水，一般加水量 10%~15%，边加边装，确保水和原料混合均匀。青贮池装满后，用塑料薄膜覆盖池顶，然后压上湿土 20~30cm，覆盖拍实并堆成馒头形，以利于排水。

（6）封池之后的管理。距青贮池 1m 四周挖好排水沟，防止雨水渗入池内。贮后 5~6d 进入乳酸发酵阶段，青贮料脱水、软化，当封口出现塌裂、塌陷时，应及时进行修补，以防漏水、漏气。要防牲畜践踏、防鼠，保证青贮质量。

（7）青贮饲料的取用。玉米青贮约经过 1 个月，即发酵完毕，可以开窖利用。优质青贮饲料呈青绿或黄褐色，气味带有酒香，质地柔软湿润，可看到茎叶上的叶脉和绒毛，是牛、羊等草食家畜的优质粗饲料。取用青贮饲料时，一定要从青贮池的一端开始，按照一定厚度，自上而下分层取之，要防止泥土的混入，切忌由一处挖洞掏取。每次取料数量以饲喂 1d 的量为宜。青贮饲料取出后，必须立即封闭青贮池池口，防止青贮饲料长期与空气接触造成饲料变质。

不同类型的秸秆，其能量和营养价值差异很大，因此种植业生产布局决定着秸秆生产的布局。秸秆生产要与种植业生产布局结合起来，同时还需强化秸秆饲料化技术的研究推广、处理技术，提高加工设备水平，继续加大青贮饲料和氨化秸秆等成熟技术的推广力度。

我国秸秆养畜技术、沼气技术已比较成熟，目前最主要的制约因素是资金问题，布局上也受到一定的限制。如生态家园富民工程主要是在退耕还林和实施天然林保护工程的西部山区，秸秆资源却更多地集中在农业主产区，资金和资源的空间分布不匹配。为此，建议国家安排一定的扶持资金，实施两大工程。一是秸秆养畜示范工程。目前农业农村部只有国家农业综合开发安排的有限的专项资金，其中有偿资金占 70%，扶持力度较小。如果从国家基本建设资金中每年安排一定资金，启动 100 个左右的示范县建设，可迅速形成产业规模。二是重点畜禽场配套改造工程。扶持对象主要是已建成的种畜禽场和大中型养殖场，建设重点是畜禽粪污能源利用工程和公益性基础设施的完善。

二、畜禽粪便饲料化

畜禽粪便饲料化是畜禽粪便再利用的重要途径。畜禽粪便含有大量的营养成分，如粗蛋白质、脂肪、无氮浸出物、钙、磷、维生素 B_{12}；同时有许多潜在的有害物质，如矿物质微量元素（重金属如铜、锌、砷等）、各种药物（抗球虫药、磺胺类药物等）、抗生素和激素等以及大量的病原微生物、寄生虫及其卵，畜禽粪便中还含有氨、硫化氢、吲哚、粪臭素等有害物质。所以畜禽粪便只有经过无害化处理后才可用作饲料。带有潜在病原菌的畜禽粪便经过高温、膨化等处理后，可杀死全部的病原微生物和寄生虫。用经无害化处理的饲料饲喂畜禽是安全的；只要控制好畜禽粪便的饲喂量，就可避免中毒现象的发生；禁用畜禽治疗期的粪便作饲料，或在家畜屠宰前不用畜禽粪便作饲料，就可以消除畜禽粪便作饲料对畜产品安全性的威胁。处理方法主要有直接利用法、干燥法、青贮法、发酵法、分解法、化学法、热喷法等。

（一）直接利用法

用新鲜粪便直接作饲料，这种方法主要适用于鸡粪。由于鸡的消化道短，从吃进到排出大约需 4h，吸收不完全，所食饲料中70%左右的营养物质未被消化吸收而排出体外，因而鸡粪中含有丰富的营养物质。在排泄的鸡粪中，按干物质计算，含 20%~30%粗蛋白质、26%灰分、23%无氮浸出物和10%粗纤维，其中色氨酸、蛋氨酸、胱氨酸、丝氨酸较多，含量不低于玉米等谷物饲料，此外还含有丰富的微量元素和一些未知因子，可用于牛、羊等反刍家畜饲料。非蛋白氮在牛羊等反刍家畜的瘤胃中经微生物分解，合成菌体蛋白，然后再被消化吸收。因此，可利用鸡粪代替部分精料来养牛、喂猪。但是此种方法还存在一些问题，如添加鸡粪的最佳比例尚未确定，另外，鸡粪成分比较复杂，含有吲哚、尿素、病原微生物、寄生虫等，易造成畜禽间交叉感染或传染病的暴发，这也限制了其推广使用，但可以用一些化学药剂，如同含甲醛质量分数为37%的福尔马林溶液进行混合，24h后就可以去除吲哚、尿素、病原微生物等病菌，再饲喂牛、猪。还可采用先接种米曲霉与白地霉，然后进行杀菌，这种方法最简单适用。

（二）干燥法

干燥法是处理鸡粪常用的方法。干燥法处理粪便的效率最高，而且设备简单，投资小，粪便经干燥后可制成高蛋白饲料。这种方法既能除臭又能彻底杀灭虫卵，能够达到卫生防疫和生产商品饲料的要求。目前由于夏季鸡粪大批量处理时仍有臭气产生，处理气臭和产物的成本较高，使该方法的推广使用受到限制，有研究表明在处理中加光合细菌、链霉菌、乳酪菌等具有很好的除臭效果。

（三）分解法

分解法是利用优良品种的蝇、蚯蚓和蜗牛等低等动物分解畜禽粪便，达到既能提供动物蛋白质又能处理畜禽粪便的目的。这种方法经济效益、生态效益比较显著。蝇蛆和蚯蚓均是很好的动物性蛋白质饲料，品质也较高，鲜蚯蚓含10%~40%的蛋白质，可作鸡、鸭、猪的饲料或水产养殖的活饵料，蚯蚓粪可作肥料。但由于前期畜禽粪便灭菌、脱水处理和后期蝇蛆分离技术难度较大，加之所需温度较苛刻，而难以全年生产，故尚未得到大范围的推广。如果采用笼养技术，用太阳能热水器调节温度，在饲养场地的周围喷撒除臭微生态制剂，采收时利用蝇蛆的生活特性，用强光照射使蝇蛆分离，这一系列问题就解决了。

（四）青贮法

粪便中碳水化合物的含量低，不宜单独青贮，常和一些禾本科青饲料一起青贮，调整好青饲料与粪便的比例并掌握好适宜含水量，就可保证青贮质量。青贮法不仅可防止粪便中粗蛋白质损失过多，而且可将部分非蛋白氮转化为蛋白质，杀灭几乎所有有害微生物。用青贮法处理畜禽粪便时，应注意添加富含可溶性碳水化合物的原料，将青贮物料水分控制在 40%~70%，保持青贮容器为厌氧环境。例如，用 65% 新鲜鸡粪、25% 青草（切短的青玉米秸）和 15% 麸皮混合青贮，经过 35d 发酵，即可用作饲料。

（五）发酵法

发酵法即利用厌氧及兼性微生物充分发酵畜禽排泄物并将其转化为饲料，中心技术是厌氧固氮发酵。采用以厌氧发酵为核心的能源环保工程，是畜禽粪便能源化利用的主要途径。目前对于集约化养殖场，大多是水冲式清除畜禽粪便的，粪便含水量高。对这种高浓度的有机废水，采用厌氧消化法具有低成本、低能耗、占地少、负荷高等优点，是一种有效处理粪便和资源回收利用的技术。它不但提供清洁能源（沼气），解决中国广大农村燃料短缺和大量焚烧秸秆的矛盾，还能消除臭气、杀死致病菌和致病虫卵，解决了大型畜牧养殖场的畜禽粪便污染问题。另外，发酵原料或产物可以生产优质饲料，发酵液可以用作农作物生长所需的营养添加剂。目前，这种工艺已经基本成熟。根据不同畜禽排泄物的特点，采用厌氧微生物发酵法比较适用于将禽类粪便加工成猪饲料。

1. 加工程序

采用厌氧固氮微生物发酵技术发酵畜禽废物的加工程序有以下几项。

（1）收集废物并进行初步处理。首先在养殖场收集废物，视企业规模的大小，可采用手工收集或机械收集；接着对废物进行初步处理，即除掉废物中的杂质，主要是碎玻璃或其他尖锐性物体，如铁钉、小石头等，目的在于避免在以后的加工中损坏加工器具。

（2）发酵。在经初步处理的废物中加入基础饲料和菌种，菌种由厌氧固氮菌群组成，主要有巴氏杆菌、酵母菌等。随后用小型搅拌器搅拌，使待发酵的废物与菌种均匀地混合。搅拌后，将混合物料密封于发酵塔中进行厌氧发酵，这一步的关键是密封以提供无氧环境。发酵时间需 48h。

（3）发酵后处理。48h 以后从发酵塔里取出已发酵的物料。已发酵的新鲜有机废物可直接用作饲料，也可用机械或塑料棚进行干燥处理，再包装成袋，待运或贮存。由于发酵时间为48h，因此如果企业规模较大，可多准备几个发酵塔，以形成流水作业。

2. 技术优点

将畜牧业废物加工成饲料的传统方法是用成套机械设备进行干燥处理，我们通过试验对厌氧固氮微生物发酵技术和传统技术进行了对比分析，发现新技术具有以下优点。

（1）加工而成的饲料质量较高。首先，饲料的粗蛋白质含量发酵后比直接干燥高 3.8%；其次，新技术加工的饲料为浅黄色带芳香味，而直接干燥成的饲料为棕色且稍带鱼腥味；最后，发酵技术无须任何添加剂，而直接干燥技术则使用了改善饲料气味的添加剂。

（2）饲料喂养效果好。以猪达到 90kg 重所需时间为衡量标准，用新技术加工的饲料喂养只需要 180～190d，而用传统技术加工的饲料喂养需要 200～210d。

（3）在占地及动力成本方面占优势。采用新技术的占地面积为 60m^2，而成套机械设备干燥法则需要占地 150～1 000m^2；新技术每年的动力成本为 5 000 元，传统技术每年的动力成本则高达 50 000 元。

（4）对空气的污染程度低。采用新技术无氨气、硫化氢、二氧化硫等有毒气体排入大气，而传统加工技术则向大气中排放了这些气体。

第四节 农业废弃物再加工模式

再利用原则在农产品加工业中的应用，主要体现在对各类农产品、山区土特产品、林产品、水产品及其初加工后的副产品及有机废弃物进行系列开发、反复加工、深度加工，利用生物技术、工程技术、核技术等高新技术手段，开发新的产品，延伸产业链，不仅加工企业本身不再产生污染，而且使产品不断增值。发达国家农产品加工企业都是从环保和经济效益两个角度对加工原料进行综合利用，把农副产品转化为饲料和高附加价值产品，如从玉米芯、果皮、果籽和果渣中提取膳食纤维、香精油、果胶物质、单宁、色素等。

一、秸秆再加工模式

在我国耕地和淡水资源短缺的情况下，农作物秸秆尤为珍贵。世界各国普遍重视农作物秸秆的综合利用，主要集中在能源、饲料和肥料三方面。我国虽然在这些领域都开展了秸秆的开发利用，但政策不完善，技术研发水平落后，研究与推广脱节，综合利用水平还较低。加强农作物秸秆综合利用，把各类农作物秸秆转化增值，是我国新阶段农业和农村经济发展的一项重大课题。

1. 秸秆造纸业发展模式

我国有大量蔗渣、田菁、棉秆、芒秆等秸秆，这些非木材纤维都是生产文化印刷用纸、生活用纸和包装用纸的重要纤维原料，可以充分利用废弃物资源，发展非木纤维纸业。

由于非木纤维短、强度低、杂细胞多，需选用化学助剂提高非木纤维的利用价值，因此利用非木材纤维存在的主要问题是制浆黑液和造纸生产过程中产生的废水严重污染江河。针对生产体系中的污染物，采用高科技治理，确保污染物达标排放。如采用先进的工艺和设备，选用高效的化学助剂提高水的循环利用率，把清水用量和污水排放量降下来，尽快做到达标排放；再如运用创新技术提取黑液中的木素生产有机化肥，集中生产过程中产生的废水，通过处理回用于农田的灌溉，不向外部水体排放污染物质，不仅可以保护区域水体环境，还能节约水资源。用黑液中的木素生产的有机肥料用作农田的基肥，农业废弃物用于制浆造纸，使所有物质和能源得到充分合理利用，实现"资源—产品—

再生资源"的封闭循环；还可以加快研究开发并完善新的制浆新工艺，如爆破制浆、溶剂制浆以及芬兰 Conox 黑液回收技术等。

我国要关注这些新工艺、新技术试验的进展，有关研究单位应加快科技成果的产业化进程，真正做到能够投产应用。

2. 其他再加工发展模式

（1）发展秸秆环保建材。农作物秸秆经过工艺处理，可以制成质量轻、实用美观的板材、装饰材料、一次使用的基质材料等等建筑材料，能够在许多方面替代木材，减少木材消耗，在加强生态建设和保护环境生产建筑材料等方面有着不可替代的功能。如稻草可以制取膨松纤维素、板材，利用稻草编织草帘、草苫，用于蔬菜产区的温室大棚，不仅保温效果好，而且减少了其他农用资料的使用，环保经济。

（2）发展秸秆食用菌。农作物秸秆是良好的食用菌基料，搭配必要的培养基就可以生产食用菌。剩余物还可作肥料，再次利用，实现良好的循环。

（3）小麦秸秆适用于制取糠醛、纤维素，制作秸秆餐具等发展模式。利用农业废弃物的根、茎、叶，还可以编织日常用品和手工艺品，实现变废为宝。草编是甘肃省历史悠久的传统手工艺品，产品遍布全省各地。主要品种有以玉米皮、麦秸秆为原料编织的包、篮、垫、盘、盒、帽等工艺品和以藤、棕编制的桌几、椅类、床类产品。甘肃省草编工艺品造型别致，纹样装饰丰富多彩，是大宗出口产品之一，远销英、美、德、意、日等 10 多个国家和地区。

二、塑木复合材料发展模式

塑木复合材料（Wood-Plastic Composites，简称 WPC），也称天纤塑料、木塑复合材料、环保木、防水木等，是利用废弃的木粉、稻糠等天然纤维填充，增强 PE、PP、PVC、ABS 等热塑性新料或回收塑料的新型改性材料，另外 WPC 还含有少量的助剂（如抗氧剂、抗老化剂、润滑剂、色粉等）。

由于 WPC 主要使用的原材料是天然纤维和热塑性树脂，产品中95%以上可以使用再生材料，在国外，WPC 更多地被称之为再生塑木（Recycled Plastic Lumber，简称 RPL）。

我国是世界上最大的稻米生产国和稻米消费国，每年直接食用稻米及其制品耗用稻米约 1.95 亿 t。由于我国的稻米产量大，加工中可得到稻壳 3 500 万~4 000 万 t/年。目前，约有40%稻壳通过酿烧酒、发电、饲料、制作纤维板、免烧砖、可降解快餐盒等工业品、作培育蘑菇填充料、还田作肥等手段得到再利用，剩余的 2 100 万~2 400 万 t 稻壳被焚烧或废弃。此外，我国已成为世界上农膜产量和使用量最大的国家。

塑木复合材料的诞生，顺应了发展循环经济，节约自然资源，减轻人类活动对环境影响的潮流，为我国处理农林业废弃物和工业废弃塑料，提供了一条崭新的思路。WPC 对天然纤维的选取非常广泛，没有过多的要求，但从加工的角度考虑，适当的粒度、少的水分、浅的颜色，都是有利于生产出优良的 WPC 产品的。通常情况下，废旧的木材下脚料、刨花、木粉、花生、稻米等谷物加工后剩余的糠皮，芦苇、向日葵等天然农作物的茎、秆，造纸行业中产生的改性木质素等都可用于 WPC 的制造。由于天然纤维在高温加工过程中容易焦化，现有的 WPC 产品大都选用熔程在 230℃ 以下的热塑性树脂，如 PE、PP、PVC、ABS、PET 等。通常情况下，这些树脂均采用回收的各种塑料制品，如农膜、电线电缆皮、包装薄膜、塑料袋、饮料瓶、PVC 门窗等，出于加工上的考虑和原材料的易得性，全球 WPC 产品中超过八成是利用 PE 生产的。

三、蔗渣再加工模式

广西贵糖（集团）股份有限公司（以下简称贵糖）充分利用甘蔗制糖废弃物——蔗渣，生产出高质量的生活用纸、高级文化用纸以及高附加值的 CMC（羧甲基纤维素钠），其经济效益甚至超过主产品糖产业。其对蔗渣的再利用具体表现在以下几个方面。

1. 实施生活用纸扩建工程

甘蔗中的大部分糖分被提取之后，剩下的是蔗渣和糖蜜。糖分和甘蔗纤维在甘蔗中的含量相当，分别为 13.5% 和 12.5%，在传统甘蔗制糖工业中，前者进入市场成为商品，后者则以废弃物的身份进入糖厂锅炉而被烧掉，为此全世界每年烧掉近 1 亿 t 蔗渣。从资源经济的角度看，这是对甘蔗资源的浪费，如果用甘蔗纤维制纸，每生产 1t 纸张需要消耗木材 $3m^3$。树木紧缺，生长周期长，且具有重要的生态价值，而甘蔗资源却较丰富，一年一生，利于砍伐且成本低廉。基于此，贵糖于 2002 年启动利用蔗渣、年产 10 万 t 生活用纸的技术改造工程。2005 年，贵糖年产 20 万 t 生活用纸，相当于每年减少消耗 60 万 m^3 木材。

2. 实施能源酒精技改工程

现有技术条件下，蔗糖分的工业提取率为 90% 左右，其余糖分存留于糖蜜中。糖蜜普遍被发酵以制取食用酒精，其年产量占到世界酒精产量的 50% 左右。由于酒精是非常理想的可以代替煤、石油、天然气等用来发电、转换成汽车燃料的首选生物制品，贵糖拟生产高附加值的能源酒精即"汽油醇"。由于年产 20 万 t"汽油醇"约需糖蜜 100 万 t，因此目前正在进行这方面的技术储备：一是量的放大，二是质的提高。

3. 实施低聚果糖生物工程、酵母精生物工程和 CMC 工程

这三项工程分别是对蔗糖分、糖蜜和甘蔗纤维的多样化再利用。

第七章 农业推广基本技能

第一节 现代农业推广者的素质要求

一、政策知识与事业心

1. 政策知识

政策是政府对实现一定历史时期的任务而制定的行为准则。它体现了政府的意志，对于任务的完成有着重要的意义。

国家政策的一个重要作用就是提供了建设的大环境，它也是一种价值取向。有了这样的大环境，即使经济待遇并不高，也能起一定的作用。我国以政府为主的农业推广部门的经济条件并不好。但是仍然能够在艰苦条件下转移（推广）出许多农业技术，为提高农村的科技水平、增加农业产量做出了巨大的成绩，就是因为有政府的政策支持。

作为一个农业推广人员，必须学习相关政策，了解国家对农业推广的相关要求，为自己的农业推广工作提供精神支柱。

2. 坚强的事业心

农业推广工作任务重，工作条件较差，还会受到社会上一些不正确思想的影响，如果没有坚强的事业心，就很容易迷失方向，从而失去前进的动力。一个人如果达到这样一个境地，那就很难有大的进步。

我国的经济建设是建立在农业稳定发展基础上的，"民以食为天"。鉴于农业的重要性，国家和各级政府部门都必须重视农业，还要树立各个行业的专家和标兵。鉴于农业人才的流动性比较大，给现任者留下了竞争空间，是努力发展的机会，必须把握这个机会，努力拼搏，就会有比较大的成绩。

二、自然科学知识

1. 与推广有关的自然科学知识的界定

自然科学是研究自然界物质形态、结构、性质和运动规律的科学。在从事农业推广工作中，凡是与工作有关的自然科学知识都是必须了解的。以农学的水稻大田生产为例，需要了解所在地点的气象、土壤知识，需要了解适应当地的水稻品种生产潜力、品质、当地病虫防治、农业机械以及与之相关的其他自然科学知识，可以说，凡是与之有关的自然科学知识都可以归纳于此。这是一个很宽泛的概念。

2. 与推广有关的自然科学知识的主要获取途径

所有知识的获取都离不开学习。这里所说的学习，不仅包括在教室里、在书本上、在媒体上学习，向专家、向老师学习，还包括向一切有真才实学的人们学习，包括还达不到专家级别的"专门家"。对于这一点，不能够以对方的身份、学历、学位和职业为标准，只能够以真才实学为界限。在学习的过程中，除了记住其根本要点，更需要能够应用，要把一些定义、公理变成自己能够解决实际问题的活工具。只有这样，才能够扩大知识的来源，使自己尽可能多地获得相应的自然科学知识，成为真正的智者。

如果不注意学习，原有的知识就会很容易落伍、退化，跟不上时代的要求，在以后的竞争中就会处于劣势，以至于被淘汰，这是有很多现实实例的，必须引起注意。

三、与推广有关的社会科学（包括市场）知识

1. 与推广有关的社会科学（包括市场）知识的界定

社会科学是以社会现象为研究对象的科学，它的任务是研究

并阐述各种现象及其发展规律。由于农业推广工作是一项离不开与社会群体交流的工作，凡是与此工作有关的所有社会科学知识都是应该学习的。以推广某水稻生产技术为例，除了解与之相应的自然科学知识之外，还应该了解当地的风俗文化习惯、经济条件（包括市场信息）等知识。这样在与当地人进行交流时，就不会出现因为社会知识缺乏而导致的某些负面效应。

2. 与推广有关的社会科学（包括市场）知识的主要获取途径

与学习自然科学相似，社会科学知识的获取也离不开学习。可以通过媒体、书本学习，也可以通过与内行交流学习获取。在学习过程中，同样不能够忽视学习与应用的相长过程，在应用中巩固所学的知识，并不断地发展。

在社会科学知识的学习中，要注意选择性的学习，多学习正面的东西，对于负面的东西要批判性的了解，不能够一味地生吞活剥，那样会干扰进步的方向。

四、身体素质

（一）身体素质主要内涵

身体素质，通常指的是人体肌肉活动的基本能力，是人体各器官系统的机能在肌肉工作中的综合反映。它一般包括力量、速度、耐力、灵敏、柔韧等。身体素质经常潜在的表现在人们的生活、学习和劳动中，自然也表现在体育锻炼方面。一个人身体素质的好坏与遗传有关，但与后天的营养和体育锻炼的关系更为密切，通过正确的方法和适当的锻炼，可以从各个方面提高身体素质水平。

（二）维持良好身体条件的主要注意事项

1. 良好的生活习惯

良好的生活习惯是维护一个健康身体的重要前提。从科学的角度分析，一个人的饮食、睡眠、娱乐、嗜好都应该与医学要求相符，不能够太随意。如喝太多的酒容易伤害身体，就千万不能够忽视。那种"宁伤身体，不伤感情""一醉方休"的做法对身体是一个摧残，不值得提倡。

2. 良好的工作习惯

工作要注意节奏，注意思考，注意提高效率，不能只顾时间足够长，不顾效果是否好。有效的工作并不一定非要时间长，如果工作的效率高，相对较短的时间也能够获得较高的收获。

3. 注意参加锻炼

大凡有成就者大多注意参加锻炼。良好的锻炼不仅有利于身体健康，同时也有利于精神调节，提高工作效率。有的人是年轻时就打下了良好的体育基础，这对以后的锻炼十分有利。有的人因为种种原因，没有多少体育基础，但是同样能够认识到锻炼的价值，便在锻炼方式上动脑筋，选用适合自己的锻炼方法，同样能够获得比较好的锻炼效果。

4. 注重文化生活

良好的文化生活不仅可以陶冶情操，更能够调节一个人的心态，使一个人向健康的方向发展，促进一个人的身心健康，从而增强人们的免疫力，使人们的身体更加健康。在这一点上，有较高的文化素养固然重要，但是如果有一些偏差也不要刻意追求。经常参加一些文化活动或者良好的文化生活是十分有益的。

5. 注意疾病防治

因为多种原因，人们会得一些疾病，对于这些疾病要认真对待。要在医生的指导下进行治疗。疾病要认真对待，不能够马虎。这是十分重要的。在治病的策略上，要在正规的医疗机构去诊治，不能够随意，更不能够让那些没有资质的人去治疗。身体健康是一切工作的基础，千万不能够放松。

第二节　农业推广调研

农业推广调研能力是推广人员整体素质和能力的一个组成部

分。调研是调查研究的简称，指通过各种调查方式与方法系统、客观地收集信息，进行统计分析，以探求客观事物的真相、性质和发展规律的活动。若将调查和研究分开来理解，调查是指运用各种方式与方法收集资料与信息，以了解事物的真实情况；研究则是指对调查材料进行加工与分析，以获得对客观事物本质和规律的认识。二者既有区别又有联系，调查是研究的基础，研究是调查的深化，因此学术研究中经常将这两个词加以合并。本节主要阐述农业推广调研中两个重要的方面：一是农业推广研究的程序，二是农业推广资料收集方法。

一、农业推广研究的程序

农业推广学作为社会科学的一个分支学科，其研究过程遵循一般社会科学尤其是行为管理科学的基本研究程序，通常包括确定研究课题、制订研究计划、收集研究资料、分析与总结四个阶段。

（一）确定研究课题

确定研究课题也称选题，是明确研究的目的、意义、对象、任务与内容，并突出研究的创新性的过程。农业推广过程较为复杂，需要研究的问题较多，但有主次轻重之分，在一定时期内，并非每个科学问题都值得被立项专门研究。因此，能否选择一个正确的研究课题就直接决定了农业推广研究的方向和水平。

1. 确定研究课题应遵循的原则

需要指出的是，在确定研究课题的过程中，研究人员应当遵循以下原则。

（1）选题必须有价值。如何对所选课题的有无意义以及意义大小进行衡量，主要是看两个基本方面：一是所确定课题是否符合当时当地农业推广事业发展的需要；二是所确定课题是否对检验、修正、创新和发展农业推广理论，建立科学的农业推广体系，具有重要推动作用。

（2）选题应具备创新性。创新性要求所确定的研究课题必须是前人未曾解决或尚未完全解决的问题，只有在原有研究成果基础上突破和创新，才具有研究的现实意义。

（3）选题应具备科学性。选题的科学性，集中体现为选题的理论根据充实、合理，指导思想及目的明确。为保证选题的科学性和现实性，通常还需要对所选课题进行充分论证。

（4）选题应具备可行性。客观上，应当具备研究的必要资料、设备、时间、经费、人力、技术等条件；主观上，要求研究人员具有对该课题进行研究的知识、能力、经验、基础以及浓厚的兴趣。此外，所确定的课题一定要具体化，界限要清晰，范围要小，不能太笼统。

2. 确定研究课题应明确的问题

（1）农业推广研究的分类。根据研究目的的不同，农业推广研究可分为探索性研究、描述性研究和解释性研究3类。①探索性研究。探索性研究基于三个基本目的，即满足研究者了解事物的好奇心和欲望；探讨开展更为周密的研究的可能性；发展可用于更为周密研究的方法。探索性研究主要是针对一些基本规律和基本现象。②描述性研究。描述性研究主要是对事件和情况进行描述。例如，对农业产业结构状况的了解和掌握。③解释性研究。解释性研究是对事物和事件的发生进行解释，其主要目的是探寻事件发生的内在原因。一般情况下，一个项目的研究目的常常同时涉及多个方面。

（2）农业推广研究的内容。选题阶段需要明确的另一问题是研究内容。研究内容需要根据研究目的加以确定。农业推广的研究内容主要包括以下10个方面。①农业推广对象特征、行为特征、行为改变规律、行为改变的影响因素和行为改变的途径与方法等。②创新的特征、采用与扩散行为、采用率及其影响因素。③农业推广方式与方法及其选择与应用。④农业科技成果推广规律、推广方式、推广影响因素。⑤家政推广及针对妇女、老年人、青少年等群体的推广。⑥农业推广中的市场营销与经营服务（连锁经营、电子商务与网络营销等）。⑦农业推广中的信息服务。⑧农业推广组织、体系建设及农业推广人员管理等。⑨农业推广计划与评估。⑩农业推广政策、法规等外在环境及其对农业推广的影响。通常一个农业推广研究项目的研究内容涉及上述研究内容的一个或若干个方面。

(二) 制订研究计划

农业推广研究计划的制订是研究成败的关键环节。制订周密的研究计划是研究课题能够顺利进行，并取得预期成果的重要前提条件。制订研究计划一般包括了解研究背景、提出研究假设、选择研究方法和制订具体计划方案等若干环节。

1. 了解研究背景

研究背景指的是一项研究的由来、意义、环境、状态、前人的研究成果，以及研究该课题目前所具有的条件等，是制定农业推广研究计划的首要步骤。这就要求研究人员要认真阅读有关文献，深入调查。课题确定后，要查阅大量的相关文献资料，以加深对课题相关研究背景的了解和把握。同时需要收集大量的相关文献资料，对文献资料进行分析。另外，要结合课题实际，对课题所涉及的研究对象、相关人员进行摸底调查，提出切合实际的研究方案。

2. 提出研究假设

研究假设是推广人员在研究计划制订过程中，根据掌握的资料，运用相关科学理论，充分发挥想象力和创造力，对所研究的事物的本质和规律所提出的一种初步设想。一个理想的研究假设需要满足以下 4 个条件。①有一定的科学依据和现实依据。②说明两个或两个以上变量之间的关系。③使用陈述句。④可验证和测量。

根据研究假设内容的性质，应将研究假设分为预测性假设、相关性假设和因果性假设；根据陈述的概括程度，可将研究假设划分为一般假设和特定假设。常用的研究假设提出方法有演绎法和归纳法两种。

3. 选择研究方法

研究方法是指在研究中发现新现象、新事物，或提出新理论、新观点，揭示事物内在规律的工具和手段。一项具体的研究计划往往以研究方法作为依据，什么样的研究方法派生什么样的研究计划，因此在确定了研究假设之后，就需要根据研究假设选择合适的研究方法，从调查研究法、实验研究法、个案研究法、行动研究法等诸多研究方法中，选择一种或几种方法加以应用。不同农业推广项目的研究方法，其资料收集、分析的方法也不尽相同，应以课题的研究目的、对象、内容等为依据来选择相应的研究方法。

4. 制订具体方案

具体研究方案的内容主要包括以下 7 个方面。①研究的背景、目的和意义。②研究的对象和范围。③研究的内容。研究内容是研究计划的主体，回答"研究什么"这一问题，研究内容的多少与课题的大小呈正相关，在研究计划中，往往把研究内容或问题冠以顺序号一一列举出来。④研究方法。方法的写法要尽量具体些，不要太简单、太笼统。⑤研究的步骤。写明研究的时间节点、研究所耗时长、研究的主要阶段、每阶段的主要任务、每阶段的基本要求、每阶段的预期成果等。⑥研究课题组的成员及其分工。⑦研究经费预算及设备条件要求。

（三）收集研究资料

研究计划的实施是农业推广研究最为重要的环节之一，其主要工作是按照研究计划逐一进行。这一阶段又可以分为资料收集、资料核实和资料初步整理三个阶段。研究的实施阶段是计划的执行过程，一方面要注意遵循事先拟定的研究计划，不能随意做出调整；另一方面也要注意在实施过程中对计划确实不切合实际的地方进行修订，以不断完善研究课题。有关农业推广研究资料的收集方法将在本节稍后专门阐述。

（四）分析与总结

研究的分析总结阶段包括了资料的整理与分析、检验假设和研究报告的撰写 3 个方面。

1. 资料的整理与分析

收集的资料可以分为数据性资料、文字性资料和图片性资料等。对于数据性资料，可运用统计学的方法对样本进行数量分析，从而推论总体的数量特征，再通过文字加以概括和解释。对于文字性资料，可以运用归纳、比较、推理等方法，对收集的样本资料加以分析，找出各样本之间的共性以及不同因素之间的内在联系或因果关系，以反映研究对象的全貌和本质。对于图片性资料，一般要对所收集到的资料就典型性和图片效果等方面进行筛选，通过图片直观地说明某一问题。

2. 检验假设

课题的研究是从假设开始的，收集到有关的资料后就要回过来验证所提出的假设能否成立。检验假设时，要根据所得资料进行客观、科学的分析，对结果进行解释，最后确定假设是否能够成立。检验假设过程的关键是要以事实为依据，对事实的推理也应该是科学的，不能凭个人的主观臆断来认定假设的成立与否。

3. 研究报告的撰写

研究报告是对整个调研工作的总结，研究者要通过研究报告向社会展示自己的研究结果。研究报告的撰写一般也因读者对象的不同而有很大的差别。一般而言，写给政府或决策机构的报告应层次分明、简明扼要、有结论、有建议；写给高校师生和科研单位的，一般按照科技论文的撰写规范进行，主要包括研究方法、结果与分析，以及结论与讨论等内容；写给社会公众的报告应通俗易懂、说理清楚。

撰写研究报告应注意以下 4 点。①要直接切入研究主题。研究问题和研究目的要明确，若有研究假设的发展，必须有逻辑推论的发展，理论的解释与使用要确实相关。②研究设计和操作过程要具体确实，表格的使用和结果说明要精确。③文字要精准，讨论要围绕研究议题。④报告中参考文献的引用、使用和报告最后的参考书目列出必须遵守学术规范。

二、农业推广资料收集方法

资料与信息的收集是调查工作的基本任务，也是整个调研工作的一个重要环节。调查需要运用各种方式与方法。根据研究需要，农业推广调查通常采取典型调查、重点调查、抽样调查等方式。至于收集资料的具体方法，应用文献法收集资料省时省力又省钱，所以文献法被广为应用。然而，农业推广研究的特点决定了仅用文献法收集资料是远远不够的。借鉴社会学和管理学等学科的研究方法，结合农业推广实际，下面主要介绍观察法、问卷法、量表法、访谈法等常用的资料收集方法。

（一）观察法

农业推广中使用的观察法主要是指在自然的、不加控制的环境中观察他人的行为，并把结果按时间顺序进行系统的记录。

观察法有很多种类。依据不同的标准，可以对观察法进行以下的分类：依观察者是否参与被观察对象的活动，可分为参与观察与非参与观察。依对观察对象控制性强弱或观察提纲的详细程度，可分为结构性观察与非结构性观察。按是否具有连贯性，可分为连续性观察和非连续观察。

（二）问卷法

问卷是用来收集调查数据的一种工具。问卷法是运用统一设计的问卷，利用书面回答的方式，向被调查者了解情况并收集信息的方法。根据调查中使用问卷的方法，可以把问卷划分为自填式问卷和访问式问卷两种不同的类型。

要做好推广调查，必须有完美的问卷设计和周详的策划。为此，推广调查人员必须事先亲自到农村和农业生产实际去进行访谈调查。一般情形下，问卷设计是按下列程序进行的。首先，把握调查主题，即所要调查的问题重点。其次，进行自由访谈调查，询问一些与调查主题有关的问题。再次，设计问卷初稿。最后，经过事前试验，做成正式问卷。

（三）量表法

量表法是量表调查法的简称，主要是调查人们的主观态度。量表法与问卷法有许多相同的处理方法，即它们都是运用结构化询问问题的方式收集资料，并且使这些资料都能够进行统计汇总，但在某些方面又与问卷法不同。在农业推广调查中常常需要测量农民的态度、看法、意见、性格等主观性较强的内容。这些主观性的内容一方面具有潜在性的特征，另一方面构成也比较复杂，一般很难用单一的指标进行测量。为了达到这种测量的目的，常常需要借助各种量表，如李克特量表、鲍格达斯社会距离量表和语义分化量表等。

以最常用的李克特量表为例。该量表由一组陈述组成，每一陈述有"非常同意""同意""不一定""不同意""非常不同意"5种回答，分别记为5分、4分、3分、2分、1分，每个被调查者的态度总分就是他（她）对各道题的回答所得分数的总和，总分可以反映他（她）态度的强弱。

（四）访谈法

访谈法是访问者通过与被访问者进行面对面的接触和有目的的谈话收集研究资料的方法。访问者通常按照事先设计好的题目、词句和内容，有程序地与被访问者进行交谈，利用面对面的交互刺激作用，了解被访问者的相关现状、心理与行为。访谈法有多种类型。

1. 根据访谈时控制程度分类

根据调查访谈时的控制程度不同，访谈可以划分为结构型访谈、半结构型访谈和非结构型访谈3种不同的类型。①结构型访谈法。这种方法分为两种形式，一种是访问者按事先拟好的访问大纲，对所有被访者进行相同的询问，然后将被访者的回答填到事先制好的记录表格中去；另一种是将问题与可能的答案印在问卷上，由被访问者自由选择答案。②半结构型访谈法。这种方法是指根据推广项目任务和访谈对象的特点，首先进行系统的访谈提问设计（访谈大纲），其次进行访谈获取具体信息的方法。这种方法将要问的有关问题交给访问者，访谈的框架是明确的，但不设固定的问题顺序，在访谈的过程中会更多地融入参与式的方法，鼓励访谈者和被访谈者间的双向交流。获得的信息不仅包括问题，而且包括问题产生的原因，能够实现信息的认证。③非结构型访谈法。这种方法事先不预定表格，也不按固定的问题顺序去问，自由地交谈，适合于探索性研究。实施过程中，可以采用引导式访谈、非引导式访谈等不同的形式。

2. 根据访谈对象分类

根据访谈对象，访谈可以分为个体访谈、主要知情者访谈、小组访谈和焦点小组访谈4种。①个体访谈。个体访谈是针对单一访谈对象的访谈，目的是从选定的访谈对象中获取特定质量和数量的信息，通过对所获信息的分析，对某一事件或推广活动进行理解并提出假设。通常在选择访谈对象时，应注意访谈对象类型的多样性。②主要知情者访谈。主要知情者访谈是对熟知调查研究内容的主要知情人所进行的访谈，目的是为将来的全面测试或进一步研究准备问题、假设和建议，为农业推广项目的规划和制定决策产生描述性的信息，解读量化资料，就一些特定的观点和问题提出建议。③小组访谈。小组访谈是针对某一特定人群所进行的访谈，目的主要是了解某一推广项目或活动的一般情况并做出假设。访谈小组应精心选择，要有代表性。小组一般以7～12人为宜。④焦点小组访谈。焦点小组一般由10人左右组成，在一名主持人的引导下，参与者对某一主题或观念进行充分和深入的讨论，从而了解和理解人们心中的想法及其原因。作为小组访谈的一种，其操作与小组访谈相同，但焦点小组访谈在内容上更强调某一特定的主题，如教育与农业推广、环境与农业推广、贫困与农业推广等。当推广机构需要对项目设计的观点或假设在基层进行质证和获得反馈信息时，或者想要了解在项目规划、实施和评估中有关各方（如受益者、实地工作者和项目官员等）的态度、想法、行为和存在的问题时，经常要使用焦点小组访谈方法。

第三节 农业推广写作

农业推广写作涉及的范围很广，主要有农业推广论文写作、农业推广报告写作、农业推广应用文写作等。本节择其要者进行详述。

一、农业推广论文写作

（一）农业推广论文的特点

农业推广论文属学术论文，是人们在农业推广领域进行理论与实践研究后，按照一定的规范要求，以书面文字的形式表述研究过程与结果等内容的学术性文体。农业推广论文的读者主要是农业领域的有关专家和科技工作者。所以，农业推广论文一定要具有创新性、科学性、专业性和规范性。

1. 创新性

创新性是农业推广论文的生命线，也是衡量其学术水平高低的重要标志之一。农业推广论文在农业科技某一领域内，理论上要有所发展，方法上要有所突破，能为农业某一领域提供新知识，或为新的研究提供新材料和新观点，并且对他人今后的研究有所启示。

2. 科学性

科学性是对农业推广论文最基本的要求。农业推广论文来源于农业科学试验、农业生产与农村发展实际，与农业推广实践活动是分不开的，所以，农业推广论文要在试验或调研的基础上撰写。农业推广试验与调研的设计必须科学、合理、可行，从而使得到的数据真实、可靠，以便进一步通过理论分析解释相关现象，找出基本规律。只有这样才能推动农业科学和技术的发展，才能指导农业生产与农村发展的实践。

此外，农业推广论文的科学性要求作者在立论上不得带有个人好恶与偏见，不得主观臆想与臆造，必须从试验或调研结果出发引出符合客观实际的结论；在论据上应尽可能多地占有与论文有关的资料，以充分、确凿、有说服力的论据作为立论的依据；在论证时必须经过周密的思考和严谨的论证。

3. 专业性

专业性是农业推广论文区别于其他文体的重要标志，也是其学术特点的具体体现。从写作内容上看，农业推广论文是针对农业某个领域中存在的问题进行研究所取得的结果，通过分析对该领域的问题解决提出自己的见解；从读者方面看，该论文能为本领域的有关专家和科技工作者提供一定的科学资料，以便他人参考、借鉴。

4. 规范性

规范性是指农业推广论文写作要达到标准化的要求。其一是结构格式化；其二是语言表达规范化；其三是各种术语、图表、公式、符号标准化。

（二）农业推广论文的写作结构和格式

对于科技学术论文的写作结构和格式，各种科技学术期刊都有具体的规范和要求，但总的趋势要求标准化、程式化。目前我国基本上都要求执行《科技报告编写规则》（GB 7713.3—2014）的有关规定。其结构主要由题名、署名、摘要、关键词、论文的分类号、引言、正文、结论、致谢、参考文献等组成。

1. 题名

题名也叫标题、题目，是论文内容的高度概括，以最恰当、简明的词语反映论文中最重要的特定内容的逻辑组合，也是论文精髓的集中体现。拟写的标题要求做到确切、简洁、鲜明。中文题名一般不宜超过 20 个字，如题名语意未尽，可用副题名补充说明论文中的特定内容；外文题名应与中文题名含义一致，一般不宜超过 10 个实词。

2. 作者署名

在题名下署上作者的姓名、工作单位、单位所在地及邮政编码。论文的作者署名是文责自负和拥有知识产权的标志，只限于直接参与课题的选定、制订研究方案、参加完成主要研究工作、参与论文撰写、对论文具有答辩能力的人员。一般不要超过 5 位，2 个以上的人员联合完成的论文，应根据各人的贡献大小或根据约定排列名次。

3. 摘要

摘要是一篇完整的短文，是科技论文内容不加注释和评论的简短陈述，应具有独立性和自含性，即不阅读全文就能获得必要的信息。内容应由研究目的、采用的主要方法、获得的结果和结论 4 个层次构成，重点是结果和结论。摘要用第三人称，采用"对……进行了研究""报告了……现状""进行了……调查"等表达方式，不使用"本文""作者"等。摘要中尽量不用图表、化学结构式、非公知公用的符号和术语。中文摘要一般不宜超过 300 字，一般不分段落。大多数刊物都要求同时写英文摘要。英文摘要可以采用扩充的写法，一般不宜超过 250 个实词。

4. 关键词

关键词是从报告、论文中选取出来用以表示全文主题内容信息的单词或术语，一般论文选 3~8 个关键词为宜，相互之间用分号隔开。

5. 论文的分类号

论文的分类号也称中图分类号。科技论文一般均要求标注分类号，可参照《中国图书馆分类法》的最新版本进行分类，一篇涉及多学科领域的论文，可按主次顺序排列给出几个分类号。

6. 引言

引言又称前言或序言，在写作上应按以下几个层次展开：一是本研究的重要意义；二是前人研究进展，包括本研究奠基人及著作者用什么方法取得了什么进展；三是本研究的切入点，主要介绍本研究领域的空白点或薄弱环节，所有前人研究中哪些问题尚未得到解决，尚有哪些研究空白或存在哪些薄弱环节，因此启动了本项研究；四是拟解决的关键问题等。引言应言简意赅，不要与摘要雷同，也不要成为摘要的注释。

7. 正文

正文是论文的核心、主体部分。农业科技论文的正文一般包括材料和方法、结果与分析两大部分。正文部分的表达要求层次清楚，图、表、文字之间的关系衔接处理得当。

材料和方法部分包括了试验时间、地点，试验材料、仪器，试剂，试验设计，试验观测的项目和方法，对观测数据采用的统计分析方法等。

结果与分析是正文的主体部分，应写出试验观测或理论分析的结果。如用以说明试验中出现的某种现象或规律的典型图像、照片，以及经过分析整理的数据等。表示试验结果的数据可以列成表格，也可以描绘成各种曲线图。通过应用数据统计处理方法和误差分析进行论述，做出定性或定量的分析，引出必要的结论和推论。凡是用简要的文字能够讲解清楚的内容，应用文字陈述。用文字不容易说明白或说起来比较烦琐的，应用表或图（必要时用彩图）来陈述。表或图要具有自明性，即其本身给出的信息就能够说明表达的问题。数据的引用要严谨、确切，防止错引或重引，避免用图形和表格重复地反映同一组数据。引用的资料要标明出处。

8. 结论与讨论

结论是对本研究中得到的结果和信息的全面、深层次揭示，集中地反映出作者的研究成果，表达出作者对所研究结果的总的观点和主张，是论文学术价值的体现。其内容主要包括本研究的结果说明了什么问题，得出了什么规律性的东西，解决了什么理论和实际问题三个方面。也可以写对前人的研究成果做了哪些证实或否定、修正或拓展，本研究的局限与不足以及课题展望等。在写作上要力求做到三点：一是抓住本质，揭示事物的客观发展规律及其内在联系，将感性认识升华为理性认识；二是突出重点，集中表述经分析、论证、提炼、归纳后的总观点和最终的结论，不应是正文中结果分析的简单重复；三是准确、完整，实事求是，不言过其实。如果论文得不出明确的结论，也可以不写结论而进行讨论，在讨论中提出建议、研究设想、仪器设备改进意见以及尚待深入研究解决的问题等。

9. 致谢

对于论文写作过程中的指导者、参与单位与个人，以及文中采用别人已有的研究成果，都应致以谢意，以示对他人劳动及知识产权的尊重。感谢应该确有其事，有则写，没有则不写，不可强拉硬扯，牵强附会。

10. 参考文献

参考文献是指论文中直接引用的，特别是近期与本研究密切相关的重要文献成果，凡是在论文中参考和引证的文献资料，应在论文后面按照使用顺序列出其作者姓名、题目、出处、时期，具体格式参照参考文献引用的原则。

11. 脚注

按照《中国学术期刊（光盘版）》（CAJ-CD）技术规范的要求，应在篇首页脚注处刊出第一作者、通信作者简介及基金资助情况。作者简介内容包括姓名、出生年月、性别、民族、籍贯、职称、学位、研究方向和联系方式等。基金资助须标明项目资助部门、项目名称或编号。

（三）农业推广论文的写作规范

1. 论文的标题序号

科技论文标题的编号一般采用阿拉伯数字分级编写，不同层次标题序号之间用下圆点相隔，即一级标题的编号为"1、2……"，二级标题的编号为"1.1、1.2……2.1、2.2……"，三级标题编号为"1.1.1、1.1.2……"等，均顶格排版，切忌中西数字符号混合编号，一般标题不超过 3 级，也不跳级使用；在社科研究论文中，一般依次采用"一、（一）、1、（1）"等，一般不超过 4 级，但可跳级使用，向右缩进 2 个汉字排版。

2. 论文中的数字和计量单位

统计数值使用阿拉伯数字；固定的词、词组、成语、惯用语、缩略语和具有修辞色彩的词语中作句子语素的数字使用汉字。科技论文中量与单位一律采用法定计量单位，执行《量和单位》（GB 3100~3102—1993）中有关量、单位和符号的规定及其书写规则。如常用的土地面积用 hm^2、m^2，不用亩，亩可暂用 $667m^2$ 代替；质量用 mg、g、kg 等。

3. 插图

插图包括线条图和照片图，其功能是以直观的方法表达事物的形态、结构、变化趋势及其特点，可以缩减烦琐的文字描述，把文字难以表达清楚的变化描绘得一目了然。图在文中的布局一般随文排，先见文字后见图。照片图中所标注文字、数字或符号等应使用计算机添加。线条图要使用计算机统计作图软件，可据情选择曲线图、柱形图、饼图等。线条图一般由图序、图题、标目、标值、坐标轴、图注 6 部分组成。

4. 表格

表格的结构要简单，内容按逻辑顺序安排，使人一目了然。一般学术期刊都要求使用三线表，三线表一般由表序、表题、项目栏、表身和表注构成。对于一些比较复杂的表格，如单靠三线表不够明确的，可以根据需要在项目栏或表身添加横向的辅助线，以解决栏目层次多的问题，这时仍称其为三线表。

5. 参考文献的标注

按正文中引用文献出现的先后顺序连续编码，将序号加方括号作为上角标。文后参考文献须标明作者、题名、文献类型、出处、年份、页码等信息。

二、农业推广报告写作

农业推广报告是如实反映农业推广工作的经过和结果的陈述性文体，以农业推广中客观的科学技术事实或组织实施措施事实为写作对象。农业推广工作中常用的报告主要有项目申请报告（申报书）、项目可行性论证报告、项目总结报告、调查报告等。

（一）农业科技推广项目申请报告（申报书）

农业科技推广项目申请报告，也称申报书，是指农业科技机构或农业科技人员根据农业科技项目主管机构或委托机构的意图、指南和自身的专业技术能力、组织实施能力及研究、推广条件等，确定项目研究、示范推广方向及各项技术经济指标，并按照一定的格式要求编写的关于农业科技项目实施的总体计划、安排、说明和请求立项的申请文书。大多数项目下达及委托单位都有自己规定的申报书模本，并附有填报说明。其主要结构和要求基本类似，主要由封面、简表、正文、审批表等组成。申请者主要填写以下内容。

1. 封面

封面主要填写项目名称、项目类别、主持人、承担单位、起止时间、联系方式等信息。

2. 项目简介部分

（1）申报单位基本情况，包括法人代表、单位性质、上级主管部门、技术人员构成、过去承担同类项目及完成情况说明等。

（2）申报项目基本情况，包括项目主要内容和技术指标摘要、技术来源、项目组人员情况、主要协作单位、资金来源、资金使用、项目完成后预期技术和经济效益等信息。

3. 主体部分（项目设计论证）

（1）项目的目的和意义。主要从申请项目的必要性、目的及意义，原创新成果的来源背景、主要创新内容、所达到的科学意义和技术水平及应用范围，成果示范推广和开发应用的前景，项目所要达到的目标几个方面陈述和论证。

（2）项目的创新性和技术可行性。主要从拟推广技术成果的创新性、项目的国内发展现状和趋势及同行业类比优势分析，承担单位已有的研究、示范推广工作基础、现有的技术队伍情况、主要设备手段等方面的技术可行性陈述。

（3）项目实施内容和技术指标、预期成果形式及效益。说明项目实施的主要内容、重点解决的科学问题及技术关键、示范推广的技术及组织措施、预期达到的成果和提供形式，写明在理论上解决哪些问题及其科学价值，技术上做出哪些创新改进，示范推广达到怎样的规模和技术经济目标，并通过项目的市场前景分析和项目的财务预算，运用规范的计算方法评估项目能够产生的经济效益、社会效益和生态效益。

（4）项目实施进度方案。包括拟采取的组织措施和技术路线，试验、示范、推广工作的总体安排和年度计划，理论分析、计算，试验方法和步骤，阶段目标等。

（5）经费预算。经费预算包括项目所需要的材料费、设备购置费、培训费、差旅费、咨询费、会议费、管理费等。做经费预算既要从实际需要出发，保证顺利完成项目任务，又要考虑到批准的可能性，一般要掌握在上级主管部门规定的项目经费范围之内，切忌将上级不允许列支的项目写在预算内。经费来源分上级部门拨款、自筹和委托方支付几种情况，应写明具体数额和年度分段预算。

（6）承诺。项目申请单位法人要承诺所填内容真实可靠，立项后将严格遵守合同书和预算表中规定的条款和内容，保证按计划进度完成项目任务，并在项目执行过程中提供必要的项目实施条件保障。

其余为审批表部分，包括专家对评议的意见、建议和上级项目主管部门的是否同意立项的最终结论。

（二）农业科技项目可行性论证报告

农业科技项目可行性论证报告，指的是在制定农业科技项目计划的前期，运用科学技术和经济学的原理，通过定性、定量分析的方法，对拟申报实施的农业科技项目在社会需求、技术创新性、适用性、经济合理性诸方面进行综合研究和预测，为立项和投资决策提供可靠依据的一种书面报告。它既是某些方案实施的最终决策依据，也是获得主管部门经费资助和贷款、建立协作和合作关系的依据。农业科技项目可行性论证根据项目来源和主管部门的不同，有农业科学研究、农业科技开发、农业科技示范推广等方面的。由于项目来源和类型不同，其编写的要求各有侧重，但基本结构和格式大同小异，一般包括以下内容。

1. 基本信息部分

因为可行性论证报告一般篇幅都比较长，故常常通过封面和项目信息表、项目概述等简短设计反映项目的基本信息。①封面。需要填写的内容包括项目名称、项目组织单位、申报单位、项目负责人、项目起止年限等信息。②项目信息表。需要填写的信息主要由三块内容组成：一是项目信息，包括项目名称、申报形式、所属技术领域、课题活动类型、主要研究内容、起始时间、预期成果等；二是项目负责人和承担单位信息，包括项目负责人的学历、职称，项目申报单位的名称、类别、联系方式、主管上级，以及主要参加单位名称、项目组人员结构等；三是经费预算，需要说明所需总经费和经费来源。③项目概述。陈述项目的必要性、主要研究和示范推广的内容、预期达到的主要考核指标等。

2. 论证的主体部分

（1）课题的目标与任务。主要阐述项目确定的目标与任务需求分析、达到项目目标和完成项目任务指标需要解决的主要技术难点和问题分析。

（2）现有工作基础与优势。通过检索查新，进行国内外现有技术、知识产权和技术标准现状及发展趋势分析，阐述项目申请单位及主要参与单位在已有的研究开发、示范推广等创新方面的经历，取得的科技成果，现有的科研条件，研究开发、示范推广组织、人员队伍现状等方面的基础和有利条件。

（3）任务分解与考核指标。这部分是整个报告的重心，主要从5个方面陈述。①课题研究内容、技术路线和创新点。②主要技术指标，如形成的知识产权、技术标准、新技术、新产品、新装置、论文专著等的数量、指标及其达到的水平，与国内外同类技术或产品的竞争分析，满足项目所依托的重大工程建设或重大装备研制的需求情况等。③主要经济、社会、环境效益，如技术及产品应用产业化前景，在项目实施期内能够形成的市场规模与产生的效益，对保障国家食品安全和促进农村区域经济发展、农业可持续发展及提升农业产业竞争力的作用等。④项目实施中可能形成的示范基地名称及规模。⑤人才队伍建设。

（4）经费预算。列出详细的经费预算表，计算并阐述项目总投资预算、各项任务经费分配、分年度经费需求，以及资金筹措方案、配套资金落实措施等。

（5）课题的年度计划及年度指标。项目的年度进度安排和考核包括从项目筹划启动到验收鉴定的整个过程，可采用列表或文字陈述表达，考查考核单位可分解为一年、半年。

（6）实施机制。一般需要从以下4个方面设计编写。①项目的组织管理措施，包括建立健全项目实施的领导小组、专家小组、经费管理办法等。②项目参与单位的任务分工及经费分配。③科教推广、产学研结合模式。④知识产权与成果管理及权益分配。

（7）项目主要人员情况。一般项目负责人需要从年龄、学历、专业、职务职称、学术经历、学术兼职、科研经历、科研成果、荣誉奖励等方面进行比较全面的简介，其他主要参加人员列表填写姓名、性别、年龄、学历学位、从事专业、所在单位、职务职称、为项目工作时间等相关信息即可。

（8）项目风险分析及对策。风险的分析主要从3个方面进行。①从项目实施区的农业自然资源和社会资源方面分析潜在的不利因素及应对措施。②项目新技术示范推广可能存在的困难及应对措施。③新技术产品的市场风险及应对措施。

（9）相关附件。指支持申请项目获得批准立项的有利证明材料，大多数需要提供原件或影印件。如科研成果鉴定证书、获奖证书、专利证书、相关论著、论文清单、科技检索及查新报告、协作申请单位协议书、资金来源证明等。

3. 评议及审批部分

审批部分包括有关专家和专门中介机构评审、评估意见，上级项目组织及主管部门的审批意见等。

（三）农业推广项目总结报告

农业推广项目总结报告是项目负责人和实施单位向主管部门汇报推广项目实施过程和最终结果的总结性报告。以科技示范推广项目为例，项目总结报告的编写一般应该包括以下几个部分。

1. 项目来源及意义

此部分需要简要介绍原科技成果研制单位、项目的下达或委托单位、承担主持单位及人员、协作单位及人员、实施的起止时间、总经费、参与示范的示范户、示范推广的范围和规模等基本情况。项目示范主要针对性、要解决的主要问题、达到的技术经济目标及对当地农业产业结构调整、促进区域经济发展等方面的意义。计划外的项目应说明是横向项目还是自选项目。

2. 项目完成任务的基本情况和成效

此部分对照项目合同的技术经济指标，从社会效益、经济效益、生态效益三个方面客观总结完成合同任务的实际情况，包括示范推广覆盖的县（区）、乡（镇）、行政村、农户数目，种植面积（养殖头数），示范点数，示范区达到的产量水平、产值、增产幅度、新增总产量、新增总产值、获得的经济效益，干部、农民培训提高情况，示范户及辐射农民收入的提高幅度等。这些方面应尽量用定量和规范计算方法表示，不要随意夸大。

3. 项目的组织与实施措施

此部分主要总结在建立健全组织领导，政府、科研、学校、推广部门及有关人员与示范户之间的协调与合作，组织协作攻关，搞好技术承包，培养示范户，农户参与，开展技术服务，组织现场考察，交流经验，以点带面，扩大成果示范影响等方面的主要做法及成效。

4. 技术改进与创新方面的成绩

此部分主要总结对原创新成果的技术，在适应性试验、组装配套、技术集成及建设示范样板的实施过程中，结合本地的自然资源、社会经济、农民素质等生产力实际水平做了哪些再创新、改进和发展，包括技术开发路线，技术本身的改进、深化和提高以及所获成效，必要时应提供查新结论。

5. 项目实施的不足和建议

一是对所示范推广的创新技术本身，将其主要技术参数同国内外同类技术进行比较，从样板建设及产生的综合效益的实际情况出发，结合项目技术的科学性和可行性、当地农业的现状和产业发展的方向、农民的意愿等方面的因素进行综合分析评价，提出推广应用的前景和建议，包括技术的可行性与应用地区、范围的适应性以及应注意的问题等。二是在总结成功经验的基础上，认真反思项目实施中出现的问题和不足，包括技术措施、组织实施方面的各种问题，提出改进和弥补的措施和想法。

6. 经费使用情况

此部分对照立项批准的经费预算表，列出项目开支，如有出入应说明理由，如已通过财务审计则提供审计结论。

（四）农业推广调查报告

农业推广调查报告，就是通过实际调查研究，用农业推广活动中生动具体的材料，反映有关农业推广实际情况的书面报告。它是有关人员了解农业推广的基本情况、总结经验、揭露矛盾、树立典型、处理和解决问题、研究制定相应对策与政策的重要依据。调查报告一般可分为综合调查报告、典型经验调查报告、专题调查报告、理论研究调查报告等多种类型。从调查报告的基本结构上看，一般除标题外，主要由前言、正文和结尾三部分构成。

1. 标题

要求鲜明、醒目、实在、具体，能揭示报告的主题和中心内容，使人一看到题目，就能对调查的对象和内容有一个大致的了解，以便引起人们的关注。常用的标题主要有两种形式：一种是单标题，如《关于……的调查报告》；另一种是双标题，采用正副标题的形式，正标题说明中心，揭示主旨，副标题进一步说明主标题，如《欠发达地区基层农业技术推广的现状、问题与对策——××省××县等 8 个县（区）的调查》。调查报告标题的拟写比较灵活，但不管用什么形式的标题，都要概括、精练。

2. 前言（序言）

前言对全文起画龙点睛的作用，要求精练、概括，直切主题。一般有三种写法：第一种是先写明调查的起因、目的、时间、地点、对象、范围、事件的经过、采用的调查分析方法、调查组的人员组成情况等，从中引出中心问题或基本结论；第二种是先写明调查对象的历史背景、事件的大致发展经过、现实形成的状况、获得的主要成效、表现的突出问题等基本情况，进而提出中心问题或主要观点；第三种是开门见山，直接概括写出调查分析研究的结果，如肯定做法、指出问题、提示影响、说明中心内容等。

3. 正文（主体）

正文包括报告的主要观点和主要事实。其任务是用调查获得的大量真实材料反映调查的情况，采用科学的方法对引言中提出的问题加以分析、说明和论述，或对开头提出的经验、成绩进行具体的阐述和说明，得出结论，表达观点，给阅读者以启迪。一般采用分级标题的形式，突出层次，让人一目了然。

主体部分的内容应根据调查报告的种类考虑和安排，反映情况的调查报告主要写基本情况、存在的问题、原因分析、建议或措施；以揭露问题为目的的调查报告应注重写清楚问题的现状、发生发展的过程、原因分析、问题的定性、危害及处理结果；总结经验的调查报告主要写清楚主要经验和具体做法，介绍典型案例；创新事物的调查报告，需要比较系统、完整、全面地介绍这一新生事物及它的产生和发展过程、作用、意义和发展前景。理论研究型的调查报告要依据理论的逻辑结构安排各部分的顺序，写作上与农业推广论文类似。

主体部分材料组织和结构的安排根据需要采用纵式结构或横式结构。纵式结构就是以调查的过程为顺序，组织材料展开全文，或者按照事物发生发展的顺序去写，层层叙述说明，其优点是容易组织材料，使得报告的条理比较清晰，写起来也相对容易，符合人们的阅读习惯，有利于读者了解事情的来龙去脉，一般用于揭露问题调查报告和新生事物调查报告。横式结构是按问题的性质、材料的类型归类分层，分部分来写，把同一性质、同一类型的材料归纳为一个部分，一部分一部分地进行叙述，但每个部分的叙述都要围绕主题进行，各部分都是为突出、阐述主题服务的。

4. 结尾（结束语）

有的是结论，有的是建议、措施和办法，有的附带说明存在的问题等，有的没有结尾而以正文最后一段作结尾。总而言之，这部分更要有条理性、概括性、原则性。

撰写调查报告一般要经过四个步骤：确定主题、精选材料、拟订报告大纲和写作。为了写好调查报告，必须占有丰富、全面的第一手材料，必须有实事求是的科学态度，同时要具备较广泛的知识面。

三、农业推广应用文写作

农业推广应用文包含的种类很多，下面主要介绍农业科技推广合同（协议）、农业推广广告、农业科技简报以及农业科普文章的写作要领。

1. 农业科技推广合同（协议）

农业科技推广合同（协议）是指在农业推广活动中，由于推广工作的需要或为了某一目的，将合作双方（或三方）的责任、权利和义务用合同（协议）的形式固定下来，经双方认可或公证，形成共同遵守的具有法律或其他约束效力的条文。农业推广服务和农业科技开发活动中，使用的合同（协议）种类很多，常见的有农业科技承包合同、产品供销合同、技术转让和开发合同、技术咨询服务合同等。

农业科技推广合同（协议）的写作结构大体有以下几项。①标题。一般只需要写明合同（协议）的性质。如"××技术承包合同""××技术开发合同"等。有时也可将合同（协议）的双方单位写在标题中，如"××农业技术推广服务中心、××公司合作推广××技术协议书"。②双方当事人及单位名称。写明签订合同（协议）的双方（或多方）单位完整名称和法人代表姓名，为行文方便在单位名称后的括号中注明甲方、乙方等。③合同正文。将合同中要包括的内容以条款的形式逐项陈述，一般包括五个方面，即签订合同（协议）的依据和目的、双方协议的内容、双方的责权利、合同执行期限、合同的份数与保存等。④结尾。包括署名和签证。在正文下方写上签订合同双方或数方单位的全称，单位法定代表人签字，写清签订日期，加盖公章。需要双方上级或主管部门证明和签证审核意见的，则需要写上双方上级机关和签证机关的名称，并加盖公章，写清签订的日期。

2. 农业推广广告

在农业推广过程中，经常要制作各种广告，其表现形式主要有文字广告、图画广告和电视广告等。在进行广告的写作或制作时，要做到构思新颖，语言形象、生动，以强化消费者的购买或应用心理。但一定要真实、准确、可靠，不能弄虚作假，夸大其词，欺骗消费者。

农业推广文字广告通常由标题、正文和结尾3个部分构成。①标题。广告的标题犹如人的眼睛，要在极短时间内抓住读者，因此应简短、醒目、恰当。要把广告的主要信息内容简化成几个字就能说明问题。其形式不拘一格：新闻式，如"适合××地区种植的玉米新品种已经上市"；提问式，如"何种棉种不用防治棉铃虫？""油菜缺硼怎么办？"等。②正文。正文是广告的核心部分，一般由开头和主体两部分构成。开头要对标题做进一步的引申说明，扼要说明商品的主要用途、声誉和效果。主体应说明商品的品种、规格、型号、性能、用途、价格、销售方式等。常用陈述、问答、散文说明等写作方式。③结尾。结尾部分主要是业务联系的有关事项，包括生产单位名称、地址、电话和电报挂号、开户银行及账号等。

3. 科技简报

科技简报是指科研、推广单位内部，以及上、下、平级单位之间以书面形式反映有关领域的科研动态、推广应用进展、交流情报、研讨问题和报道信息，为相关决策提供可靠依据的文字材料。科技简报的类型主要有科研成果简报、阶段性成果简报、情况简报、科技会议简报等。科技简报具有报道及时、内容新颖、表达简洁等特点。

简报属于新闻的范畴，因此新闻报道式是科技简报最常见的一种形式。科技简报一般由报头、正文、报尾3个部分组成。①报头。报头是在简报的第一页，用醒目的字体写上简报的名称。报头的内容包括简报名称、简报秘密等级、发文编号、期号、编印单位、印发日期等。报头与正文之间用一横线隔开。②正文。正文部分一般是报道某项科研成果、某件事等。其写法通常采用叙述的手法撰写。开头用简短的文字概括全文中心或主要内容，正文就是写某项科研成果或某一事件。要重点突出，分析得当。从写作形式上看，简报通常有新闻报道式、转发式和集锦式等，可根据内容进行选择。③报尾。在最后一页的下方，写明简报供稿人（单位）、报送单位以及印刷份数等。

4. 农业科普文章

农业科普文章是指把人们已经掌握的农业科学技术知识和技

能以及先进的科学思想和科学方法用朴实通俗、生动活泼的语言表述出来的文体。农业科普文章一般通俗易懂，其写作要遵循科学性、知识性、通俗性和趣味性原则，经过选题、谋篇、起草和修改等若干个阶段。

在进行农业科普文章的写作过程中要注意以下 4 个方面问题。①选题实用具体。注意选择社会需要和推广对象关心的生产与生活中的具体问题进行写作，并注意写自己熟悉的内容。②材料丰富翔实。农业科普文章的材料来源主要是作者亲自观察记载试验研究的第一手资料和通过调查、访谈及查阅文献获得的第二手资料。基于第一手资料创作出的农业科普文章往往具有新颖性或创造性。第二手资料来源广泛，可以从调查采访、农业科技文献中获取，也可以把农业学术性文章改编为科普文章，还可以对外国优秀的科普文章进行编译。③构思周密合理。构思是对农业科普文章的主题、内容、段落、层次、开头、结尾、转折、衔接等深思熟虑、布局安排的过程，需要恰如其分地反映农业科普的本质。在文章结构的安排上，要突出主题，并根据不同读者的特点和要求来安排作品结构。④语言通俗易懂。文章的内容与呈现方式要适合推广对象的科技与文化素质，运用通俗易懂的语言，循序渐进地展开，使读者看了就懂，学了就会。

第四节　农业推广演讲

演讲是农业推广人员进行技术培训、科普宣传、经验交流、总结汇报等农业推广工作的主要形式之一。作为一个合格的农业推广人员，必须不断地在实践中积累和提高演讲能力和技巧，因人、因地、因时制宜地利用演讲方式开展各种推广服务工作。与其他演讲活动一样，农业推广的演讲分撰稿和演讲两个步骤。

一、演讲稿的撰写

农业推广的演讲稿，根据需要和条件，可写成纸质文字稿件，制作成多媒体电子课件，如果非常有经验和把握，甚至可写成提纲或形成腹稿。

1. 演讲题目的确定

满足不同推广对象所做的演讲应选择一个鲜明的主题，传达什么技术信息或介绍什么知识，都要清楚明白，围绕中心展开。选择主题，要从推广对象所普遍关心、感兴趣的问题着眼，特别是一些新技术信息、新思想、新情况，这样才能吸引听众。实际上农业推广的演讲主题往往是当前农业生产经营活动中急需解决的问题和实用技术等，所以主题的选择应考虑适合当地推广对象的生产经营需求、生活需要及学科学用科学的心理需求，适合他们的科技文化素质，每场演讲一般只选一个主题，以便听众掌握重点。

2. 演讲稿材料的选择

农业推广演讲所需的材料内容来源，包括文字和图像信息，主要依靠平时的学习收集和实际推广工作中积累。为了从已有的大量素材积累中围绕主题选择演讲材料，用最适宜的内容阐明中心，抓住听众，说服听众，启发听众，最后令其接受推广者的主张，应注意以下4个方面。①整个材料要真实可信。演讲使用的材料必须有事实根据，应当是经实践证明结论是正确的。②所举例证要有代表性和典型性。选择的材料要有代表性，能有力地揭示事物本质，使听众信服。又要典型生动，以吸引和打动听众，产生心理向往和冲动。③材料力求新颖。特别是技术材料，对于不同的听众，一定要根据他们对创新致富的渴望心理，传递新技术信息，尽量满足其当前生产经营的实际需求和心理期望，不要搞老一套，让人家听了上句就知道下句你要说什么。④紧紧围绕演讲主题，切忌节外生枝。选择材料要紧紧围绕主题，一事一议，由表及里，由此及彼，把主题强调的问题、观点、技术讲清楚，不要过分渲染与主题无关的事情。

3. 演讲稿的结构及写作要求

演讲稿就是将选好的材料有机地组织起来，使主题得到最好的表达。根据培训、演讲的实际需求，可长可短，但都力求做到结构清晰、完整。就是指要有生动、吸引人的开头，内容丰富的中间铺开和干净利落的结尾。层次、条理要清楚，以在演讲过程中引导听众由浅入深、由表及里理解和思考问题。

（1）开头。开头也叫开场白，其作用是用最简洁的语言、最经济的时间，把听众的注意力和兴奋点吸引过来。农业推广演讲稿通常的写法是，先用几句诚恳的话语同听众建立个人间的关系，然后采用不同的形式引入正题。第一种是开门见山式，即一开始讲就切入正题，直接告诉听众自己将要讲些什么，使听众的注意力马上集中起来。第二种是提出问题式，根据听众的特点和演讲的内容，提出一些激发听众思考的问题，以引起听众的注意。

（2）中间。这是演讲稿的主要部分，在写作中要求写得扎扎实实，通过层层深入或者从几个方面叙述展开主题。农业推广演讲稿多为科技培训所写，体裁多为叙事型，演讲者可以事实为依据，以自己亲身试验、示范、考察的成果，或从可靠媒体所得的案例、结果等为主要内容去说明主题所强调的道理和观点，给推广对象以启发和教育。在写作上按照自然科学规律（如作物生长发育）分层次（播种、出苗、抽穗、开花、成熟、收获）地组织材料，或按内容分成几个方面（如整地、施肥、灌水、中耕除草、病虫害防治）组织材料，这样使听众听起来有条理。科技培训演讲以叙事为主要手段，但在叙述过程中，特别是关键处，要有画龙点睛的议论，表现出精辟的见解、闪光的思想，起到妙笔生花的作用。

（3）结尾。科技培训演讲的结尾可用简短的话语，对全篇演讲加以概括、总结，使听众把握演讲的技术要点；也可对演讲主题作发挥和升华，展示接受采用所讲创新技术后的美好情景，鼓舞人们朝着这个目标努力；也可提出具体要求，激励听众积极行动起来，为实现所要求的目标而努力。

二、演讲时的临场发挥

一篇好的演讲稿或是一个漂亮的演示课件，还需要一次成功的演讲来展示。为了临场发挥得好，收到预期的效果，除了解听众特点与心理、注意自我心理调节外，还应注意掌握以下几个方面。

1. 精通演讲内容，保证演讲流畅

农业推广人员首先要对演讲内容精益求精，对关键的问题要深思熟虑，必要时要做预演准备，演讲时可适当利用演讲提纲（必要时瞥上一眼，以免偏离主题）。这样才能为演讲成功树立信心，演讲过程沉着冷静、问答自如，避免卡壳怯场。

2. 利用现代技术，强化直观效果

农业推广演讲，很多时候涉及具体事物的辨认、操作、原理理解等，有时很难用通俗的语言表达清楚，演讲者应该利用现代媒体技术，以照片、动画、模拟示意图等形式作辅助，使听的人明白易懂，讲的人轻松自然，而且能够节省时间。

3. 借助权威效应，消除抵触心理

演讲组织中最伤脑筋的事就是如何吸引更多的听众。特别是年轻的推广人员，经常遭遇所谓有经验的推广对象不信任的危机。遇到这种情况，做演讲开场白时可给演讲者冠以"某研究领域权威教授、专家"或是"某权威教授的博士、助手"等头衔，讲到具体的新技术成果时可强调是推广对象心目中崇拜的"某权威技术单位、专家"的试验成果或已被他们熟悉并信服的"某先进农户"或"某先进村社"示范推广成功等，利用演讲者的威望，通过运用相应的演讲艺术消除听众的抵触心理，改变为认可态度，使信息交流变得畅通。

4. 采用问答形式，引导参与互动

在农业推广培训的演讲中，演讲者和听众相互提问是演讲的一个重要组成部分，也是一个信息反馈的过程。演讲者应在充分了解听众素质、兴趣情况的前提下精心设计一些问题，也可以启发和鼓励听众提问题。通过问答互动，演讲者可了解听众是否接受了自己的观点，是否存在曲解或遗漏，对演讲内容的评价如何。听众也可以对自己所关心和实际生产经营中要解决的问题得到满意答案。这也是进行农业推广演讲的根本目的。

5. 利用非语言沟通，增强感情渲染

农民听众最大的一个特点是精力容易分散，如果再加上演讲者平铺直叙、机械地念演讲稿，就犹如催眠了。所以在演讲中要适时地通过声调的高低长短、语气的轻重缓急、面部表情的喜怒哀乐、眼神的专注与分散、手势指向及力度等体态语言的渲染，表达内容的重要性和情感的沟通、理解等，使演讲进入一个朴素而生动、形象又幽默的境界，紧紧吸引和左右听众的兴趣和注意力。

6. 注意个人形象，赢得听众的尊敬

在整个演讲活动中，演讲者的仪表、举止、语言、表情等均会表现在听众的面前，其整体形象的好坏是影响演讲成败的重要因素之一。因此，演讲者应注意仪表美和举止礼仪，使人赏心悦目，以赢得听众的尊敬，调动听众的情绪。

第八章　农业推广计划

　　科学技术对社会、生产、经济的作用是通过其成果的应用推广来实现的，科技成果只有应用用于生产，才能转化为社会生产力。我国是社会主义国家，经济建设的任务是按既定的计划来落实的。农业科技成果的推广，必须列入国家、地方的计划来实施。农业推广计划一旦得到政府的批准，就具有"法令"性质。农业推广计划应围绕推广目标，根据生产的实际情况，设计一个具体的、协调的结构，成为行动的准则和实现目标的具体途径。

第一节　农业推广计划概述

一、农业推广计划的概念

　　什么是计划？美国管理学家孔茨和奥唐奈认为："计划是预先决定要做什么事？如何去做？何时去做？由何人来做？它是经由合理的程序，对于各种行动方案作有意识的决定，并根据目标、事实和经过思考的估计，作为决策的基础。"这是计划这一概念的基本含义。简单地说，计划是工作和行动以前预先拟定的具体内容和步骤，或为了实现某种目标所制订的蓝图。计划、规划、筹划，实际上都是同义概念，指人们对未来的活动进行规定和安排。不过，由于人们对计划理解的角度不同，因而就有不同的含义。

　　对于农业推广计划来说，可定义为：农业推广计划是推广组织对介入推广活动的资料进行统筹，并对一定地理（行政）区域内未来一定时期中，有关推广工作和活动的总的描述，是推广工作的行动指南。推广计划的制订是由一系列相互关联而有序的活动组成，以形成并不断完善实现既定目标的行动方案和蓝图的系统工程。这一过程是基于未来推广活动的不确定性，可预测性以及推广活动中人力、物质和财政等资源的可调控性，具体选择和确定一套比较可能而有效的组合（即实现资源在推广工作中的最优配置），以便在最大的限度内用有限的资源产生最大的经济效益、社会效益和生态效益。

二、农业推广计划的种类

为了使农业科学技术适应国民经济发展的需要，就必须编制不同类型的农业推广计划。农业推广计划按时间划分的称期间计划，期间计划包括长期计划、中期计划和短期计划；按内容划分的称内容计划，主要有推广研究计划、事业计划；还有以偏重计划衔接为主的称滚动计划。我国的经济计划，国家计委明确提出分为指令性计划、指导性计划和市场调节性计划三种。

（一）期间计划

期间计划由长期计划、中期计划和短期计划组成完整的计划体系。

1. 长期计划

长期计划又称"远景规划"，简称"规划"，它是一种战略性的计划，带有很大的预测性，一般期限在 10 年以上，它的任务是确定农业推广的战略目标、战略重点和战略步骤等，又称为目标计划或战略计划。它是各项总体设计的蓝图和比较轮廓的远景设想，既为中期计划规定了方向、任务和内容，又必须依靠中期计划和短期计划加以落实才能实现。它是国家的重点计划，也是动员干部、鼓励农民的远景规划。

2. 中期计划

中期计划是为了完成长期计划（规划）的战略目标而制订的阶段性计划，期限一般为 5 年左右，如我国的国民经济和社会发展计划，就是制订的五年计划。它是长期计划与年度计划（或短期计划）之间的纽带，具有把长期计划具体化，指导近期发展的使命和承上启下的作用。有了中期计划，才能把年度计划任务和短期计划衔接起来，从而保持计划的连续性。中期计划应有阶段目标并规定比较具体的指标，还应制订相应的措施。在制订时，中期计划要经过论证，建立在稳定可靠的基础上。

3. 短期计划

短期计划包括年度计划和季度计划，一般以年度计划为主。短期计划是贯彻中、长期计划的行动计划。其任务是把中、长期计划分年度具体化。这种计划，要规定更加具体的任务、指标，拟定更细致的实施方案和措施，明确具体的执行单位、完成时间和检查制度，为检查计划执行情况提供依据。其执行情况，包括进度、质量、经验和教训，不仅关系短期计划本身，也是修改中、长期计划的依据。因此，拟定短期计划既是实现中、长期计划的保证，也是提高计划准确性不可缺少的措施。

随着科学技术的飞速发展，市场体制的逐步完善，农业科技成果应用周期越来越短，所以，在农业推广计划制订中，人们越来越多地制订短期推广计划。一般推广计划以 3 年为佳，时间太长难以适应市场经济的发展，时间太短又难以取得预期的效果。

（二）内容计划

内容计划包括推广研究计划和事业计划。

推广研究计划要在分析学科发展趋势的基础上，确定推广发展政策，提出方向性的任务和奋斗目标。

事业计划一般包括财务、人员、物资、基建、体系建设等计划。主要内容是事业发展规划、机构设置、人员编制及配置机构、基本建设项目及投资、重大设备的购置及投资等。事业计划是推广工作计划在条件上的保证。

（三）滚动计划

滚动计划，顾名思义是一种按时间逐渐推进的计划方法。例如 5 年滚动计划，2010 年制订 2011—2015 年的 5 年计划；2011 年制订 2012—2016 年的计划；2012 年制订 2013—2017 年的计划；每年依次向前滚动 1 年。编制中、长远计划也采用滚动式计划的方法，滚动计划一般时间跨度 3~5 年为宜（每两年滚动一次）。

滚动计划的好处是把中期计划和年度计划结合起来；把长远规划和中期计划结合起来（长远滚动规划）；同时还可以按计划执行情况不断调整计划内容。

（四）经济计划

按我国的经济计划来源、重要程度和适应性，可分为指令性计划、指导性计划、市场调节计划。

1. 指令性计划

指令性计划是国家和地方政府，为了保证国民经济的稳步发展，结合农业生产计划和开发计划，下达的农业推广计划，是国家和地方政府的指令性计划。

2. 指导性计划

指导性计划是农业推广、科研、教学部门及地方农业行政管理部门下达的计划，属于指导性计划。其特点是一部分项目技术成熟、增产幅度大，在生产上有重要应用价值，但还未能在生产中被农民广泛接受的新技术成果，为了尽快推广而列入推广计划的项目。另一部分是已在生产中推广应用的常规技术，技术覆盖面还不大，需要继续推广的技术项目。

3. 调节性计划

调节性计划为了适应生产发展的需要，推广、科研、教学及农业行政管理部门，自选和各级地方自定的项目属调节性计划项目。

三、农业推广计划的特点和意义

1. 农业推广计划的特点

农业推广计划，不是推广工作者的单向活动，而是农业推广人员与农民合作，用以拟订计划和执行计划的一个连续的、双向循环运动过程，也是进行农业推广工作考评的依据。因此，农业推广计划有其特点。

（1）推广计划必须切合实际，理论色彩不宜太浓。它应该能满足推广人员一直为之工作的对象——农民的需要。

（2）推广计划必须适应不断变化的环境，而且必须是综合的，以适应农民广泛的、多样的需要。

（3）推广计划必须很好地设计，以便为农村发展做出持续贡献。它不仅要考虑人们的近期需要，而且还要考虑人们的长远需要，因为情况在不断地变化。

2. 制订农业推广计划的意义

制订农业推广计划，能使人们清楚地知道今后一段时间应该做什么和怎么做，对于提高管理水平具有十分重要的意义。①计划是实现农业推广管理目标的重要保证。②计划为实现推广管理提供了科学的准则。③计划是处理好农业推广工作与其他工作关系的重要手段。④计划是搞好农业推广管理水平的有效方法。正确地运用计划职能，有助于准确把握农业推广方向和推动新技术的加速运用。

四、农业推广计划与农业推广项目的关系

农业推广项目是指按照农业推广总体计划，对某一专项任务以课题的形式落实下来，进行有组织、有计划、有步骤、有检查的安排实施和管理。农业推广计划是由若干项目组成的一个整体，项目则是整体中的个体。项目实施程度体现计划完成的程度。人们的推广活动无不围绕着彼此联系项目（或课题）而进行，有的部门在项目下设立课题，课题下设子课题或专题、分

题，从而形成一个有机联系的系统。因而，农业推广项目也是农业推广计划的基础，项目是推广活动的基本单元。对于基层的农业推广计划，就是农业推广项目的计划。项目计划包含完成指标、步骤、措施和要求。项目确定要充分体现总体计划的需要。

第二节 农业推广计划的制订

制订农业推广计划是一项有步骤、有规范、有目标的工作，它必须根据各地区的实际情况和该地区农民的需要来制订。可以说，农业推广计划是建立在推广目标、推广对象（农民）需要解决的问题及其解决方法等决策基础上。制订一个好的推广计划需要考虑很多因素，其中一个基本的因素就是农民的问题与需要。从世界各国农业推广的实践来看，在制订推广计划时一定要认真执行和遵循推广计划制订的一些主要依据、原则和条件，同时又要按照一定的程序和采用正确的方法来进行。只有这样，才有可能产生出一个好的推广计划。

一、制订农业推广计划的主要依据

（一）社会需要

农业推广计划是社会长期发展计划的一部分，其最终目的是发展生产、壮大经济。因此，农业推广计划要同社会的长期发展计划有机结合起来，服务于社会的需要，与社会的需要保持整体上的一致性。

不同地区的自然条件、生活习惯和经济状况都不一样，其社会需要自然也就各不相同。在制订推广计划时要充分考虑各地区的差异和不同需求，尽可能做到因地制宜、因时制宜，做到既能合理利用当地自然资源，又能满足社会需要。

（二）市场的需要

随着社会主义市场经济体制的建立，农民生产的目的也发生了较大变化，由原来的解决温饱问题变为获得更多商品以提高经济效益。因而，在商品生产迅速发展的情况下，制订农业推广计划必须考虑到国内外市场的需要，既要增加产品数量，也要大幅度提高产品的质量，还要尽量调节市场季节供应，做到均衡供应，充分发挥市场效益。

（三）农民的需要

农民是推广计划的接受者和执行者，是直接受益者。农民感兴趣的问题往往是他们最关心、最迫切需要解决的问题。因此，农业推广的内容必须是农民生产和生活中最关心和急需解决的实际问题。由于我国幅员辽阔，不同民族、不同地区的农民所处的地理位置、经济条件、生活条件、环境条件和知识结构有很大差异，分别有不同的要求。所以制订农业推广计划时，应充分考虑选择农民最迫切需要的技术，满足大多数农民的要求。这样的计划最容易获得成功。

（四）专家的意见

从事农业科技工作的专家，既精通理论，又有长期工作的实践经验，在技术上具有权威性。他们根据国内外的科技信息，结合当地的实际情况，从历史经验和现实需要出发，提出的需要改革的技术措施和推广目标，具有很强的指导性，在制订推广计划时需要认真加以考虑。

以上几个方面的需要有机结合，融为一体，如若相互发生矛盾，难得一致时，首先要选择农民实际需要的，因为社会需要、市场需要和专家的意见都要通过农民去实现，如果农民暂时认为不需要的，就不要列入推广计划，以免事倍功半，劳而无功。

二、制订农业推广计划的基本原则

制订推广计划时，必须根据各级政府有关发展农业和农村经济的方针、政策、法规，结合当地经济发展规划，按照广大农民对发展生产和改善生活的实际需求，把国家利益、集体利益和农民利益三者有机结合，协调处理好整体与局部利益、长远和眼前利益，充分发挥各项资源综合效率，使推广工作产生更大的经济效益、社会效益和生态效益。同时，对制订的推广计划要体现科学性（计划要反映事物发展的客观规律和趋势）、系统性（从系统的整体观点出发避免计划的片面性，并注意综合平衡，又突出重点）和多样性（按各地区农业自然资源环境条件的区别及农村、农业和农民的差异，形成有区别又有特色的各种推广计划）。

根据上述前提条件和要求，为制订出一个好的推广计划，必须遵守以下几个基本原则。

（一）坚持从实际出发的原则

农业推广计划是在目标与客观条件结合的基础上产生的，计划必须与政府经济发展的计划、生产规划、生产方针、政策法规相一致，要有利于解决本地生产中的一些关键技术问题。这一点是非常重要的，因为我国农村地域辽阔，社会、经济发展不平衡，从山区、丘陵到平原湖区，条件不同，优势各异。因此，制订计划要从我国国情出发，从农业、农村、农民的实情出发，要因地制宜，选择和制订适合本地气候、土壤、资源、地理特点的技术项目。对于列入计划的项目，必须能被当地农民自觉接受和具备一定的经营条件。

（二）坚持与本地中长远规划相结合的原则

农业推广目标是以本地区科技发展的中、长远规划为依据的。推广计划是实现中、长远规划的具体化措施。农业长远规划一般为 10 年以上，中期规划一般为 5 年以上，短期规划一般为 3~5 年。农业推广计划一般是被视为短期和中期计划来实施的。因此，制订计划必须与本地科技发展的中、长远规划紧密结合，这样才有利于农业科技有计划地发展。

制订科技规划的目的在于通过对全局的谋划，取得牵动全局的发展对策，以促进本地区科学、技术、经济、社会的协调发展。科技发展的规划一般认为有国家、地方（省、自治区、直辖市）、县三个层次。这三个层次上下紧密相连，组成了一个不可缺少的有机整体。在制订农业推广计划时，应注意与国家科技规划相结合，与地方（省、自治区、直辖市）科技规划相结合，与县级科技规划相结合的原则。在制订地方计划时，要结合国家科技发展的方向和内容，使地方和国家科技发展相衔接，利于协调发展。在制订县级计划时，要结合地方（省、自治区、直辖市）科技规划内容，做到使县级计划与地方规划紧密结合，项目配套。在制订乡、镇或一个区域内的计划时，要结合本县科技规划与本乡、镇或区域实际情况紧密结合，做到按项目落实配套的具体措施。在实际工作中，无论从事哪一个层次的工作，只有按照与国家、地方科技规划相结合的原则，才能保证农业科技沿着正确的轨道不断发展。

（三）坚持"四效"统一的原则

这是一个农业推广计划能否被政府采纳、专家认可、农民接受的关键。所谓"四效"统一，是指计划的内容或项目的技术效益、经济效益、社会效益和生态效益要能相互协调统一。所谓技术效益，就是指符合生产力发展的要求；所谓经济效益，是指推广计划一定要保证千家万户农民因参与某项推广活动而得到实惠；所谓社会效益是指推广计划要在一定程度上满足农村的社会发展需要，而不能因推广某个项目产生不良后果；所谓生态效益是指推广计划不能破坏和污染人们的生存和生产环境，使生物与环境协调发展，保持生态平衡，实现资源的可持续发展。绝不能只顾经济效益而忽视其他效益，更不能有负面效应。只有这样的计划，才符合优质、高产、高效的要求，才能在一定程度上满足农村社会的需要，而不会因为执行某种计划而产生不良后果。只有这样，才能保证农民在执行某种计划时得到相应的报酬和实惠。

（四）坚持可行性原则

推广计划只有付诸实施才具有意义，而有待实施的计划必须是可行的。过去，在农业推广工作中，曾经制订过许多鼓舞人心的单纯追求高指标、大范围的计划，由于对可行性方面注意不够，必要的条件得不到保证，使计划半途而废、不能实施，造成了人、财、物的浪费。

计划是否可行，必须从推广部门的内部条件和外部环境综合考虑，主要有五个方面的因素来决定：一是所推广的技术是否可以达到预期目标；二是技术人员、物资、经费是否具备；三是组织管理及协调措施是否有效；四是任务的分工协作关系，阶段的任务指标是否明确；五是是否得到当地政府的支持和群众的参与配合。上述五项要求，要经过周密的论证和科学评估。如果诸项条件均可满足，则计划是可行的，实现计划的把握性就比较大。

（五）坚持干部、专家和农民三结合的原则

农业推广计划在执行中，依靠和充分发挥各类、各级人员的积极性和主动性是确保计划顺利实施的关键。坚持干部、专家、农民三结合是搞好农业推广工作的最有效形式。

干部，作为国家行政管理职能部门的工作人员，肩负着执行国家经济发展计划和组织本地区、本部门经济发展的双重任务。农业推广活动有了干部的参加，有利于增强计划的组织、协调、物资、资金配套功能和避免受到各种干预。

专家，是科学研究的主力军和技术成果的提供者，有各方面的专家参与推广计划的拟定活动，既可以增加计划的科学性，也可提高计划的权威性。同时，由于他们既有丰富的专业知识、又懂得农民的心理和行为规律，在推广活动中他们可以将自己掌握的大量的技术信息，及时地、有选择地应用于生产，从而不断完善和提高项目的技术水平。

农民，是计划的接受者和执行者，他们感兴趣的问题，往往就是当地农业、农村迫切需要解决的问题。因此，计划的拟订如有农民的参与，就可使他们根据各自的兴趣和需要，提出自己的意见，使计划内容更加切合当地农村、农业和农民的实际，从而克服计划的片面性，并增加计划的现实性和准确性。因此，干部、专家、农民三结合是实施农业推广计划的基本保证。

（六）坚持有利于被农民接受的原则

农业推广工作又是通过采用新技术进行生产演示、示范作用来帮助和提高农民对农业科学技术作用的认识，启发和教育他们应用科学技术种田，使广大农民把学习和应用推广农业技术变成他们自觉的行动和动力，从而提高广大农民的生产技术水平，把他们培养成为有社会主义觉悟有文化科学知识的新一代农民。因此，在制订计划时要与当地农民的生产紧密结合，选择技术成熟，实用性强，易于被广大农民接受和采纳的技术，这样才有利于农业推广工作不断发展。

三、推广计划的制订方式

农业推广计划的制订方式，是指推广计划产生的方式。不同的国家在各个不同时期的计划发展阶段，各自都有不同的制订方式。纵观世界农业推广实践，根据计划决定权利的转移，领导者和推广人员与农民不同参与程度的组合形态，制订推广计划的方式主要有三大类，即自上而下的计划制订方式、由下而上的计划制订方式和联合制订方式。

（一）自上而下的计划制订方式

这种方式又称自上而下指令性计划的制订方式。通常是指上级政府机关为满足某种方针与政策的需要而代为拟订计划，然后自上而下地向各级政府人员传递并执行计划，农民只是被动遵照上级的指示从事农业活动，没有机会主动地表达他们的问题与需要。这种计划制订方式产生的原因是多方面的：一是农民的问题与需要比较简单，因而政府决策机构认为他们完全了解农民的需要；二是推广的目标是增产增收，因而推广人员极少考虑农民的生活问题及社会问题；三是农民的文化素质低，因而常被外界误认为无法认识和解决自己的问题；四是农业推广人员能力较强，因而认为自己比农民具有较远的眼光及较强的解决问题的能力；五是农民独立自尊的人格及民主意识未受重视，因而其意见很少被外界考虑，连他们自己的问题也都被认为该由外界来解决。

这种方式存在很多弊端：一是主观随意性强，制订计划容易脱离实际；二是基层推广人员与农民参与意识差，执行计划和接受任务比较被动，不利于计划目标的实现。

目前，自上而下的计划制订方式在我国仍占据主导地位，推广计划主要由上级农业行政部门或主管机构的管理人员制订，农业推广机构和推广人员主要负责具体的实施工作，农民是单纯的技术采用者，不参与计划的制订。

（二）由下而上的计划制订方式

这种方式又称由下而上的群众推广计划的制订方式。认为基层单位或农民往往有自己的想法，因此，主张由农民根据自己的意见拟定计划，请上级人员给予协助或指导。其基本依据：第一，农民最了解自己的问题与需要，既然农业推广工作的根本目标在于解决农民的问题，满足农民的需要，那么就应该让农民自己来表达他们的问题与需要；第二，推广工作只有针对农民的问题与需要，才能吸引农民积极主动的参与、支持和合作，如果推广计划的制订没有农民的参与，就难以激起农民的学习动机和兴趣；第三，推广人员不能替代农民做决策，而应当协助农民自助；第四，应当维护农民的独立人格和民主权利，让农民自由地发表意见。

这种方式的优点：能够尊重农民的意见，反映农民的问题与需要，农民参与推广工作的积极性和主动性较高，可以培养农民的民主意识和主人翁精神。

这种方式的不足之处：农民需要点多面广，不容易集中，有时也会与政府的决策要求或国家有关目标有一定的距离和出入，需要不断修改。同时要求农民及推广人员均要具有较高素质。

我国现阶段由于实行家庭联产承包责任制，农民具有经营主权的条件，因而也就产生了这种制订方式，一般是由农民或基层推广机构根据各种科技信息和各自的需要，筛选项目，制订推广计划，自发组织实施，政府部门根据项目发展情况，将发展前景广阔的项目吸收为政府推广计划。这种制订方式是我国现阶段制订推广计划的辅助方式。

(三) 联合制订方式

这种方式又称上下结合的协调性计划的制订方式，重视包括农民在内的各级人员的参与，集合各阶层人士的见识与智慧，共商计划事宜，或者在政府部门的主持下，由农业专家和农民共同参与项目推广计划的制订。

这种方式能产生下列益处：一是目标与行动方案能体现各阶层人士的见识和智慧；二是计划与行动方案较能迎合农民的需要；三是参与拟定计划的人对于他们所做的决策事项十分清楚、兴趣浓厚；四是参与者能获得学习的机会；五是整个计划拟定过程是培养参与者思考问题和解决问题能力的过程和机会；六是参与者能为计划执行承担责任。虽然这种制订方式能为计划的实施提供支持与合作，但在实施时也有一定难度，主要原因是当存在阶层意识时，下级人员一旦与上级人员意见不同时，下级也只得听令行事，不敢过于坚持。

这种上下结合制订计划的基础是各方都有参与愿望和民主气氛，政府机构与推广人员要主动创造这种气氛，启发农民思考问题，培养农民自主能力，尊重农民的意见，调动农民参与制订计划的积极性。目前欧美、日本等发达国家和地区都把参与制订计划作为正式制度。所以，制订的计划很容易落实，我国随着农业推广体制不断改革和完善，这种方式也将是今后农业推广计划制订的主要方式。

四、制订农业推广计划的程序

推广计划的制订程序，就是指制订推广计划的步骤，任何推广计划制订都是要按严格的步骤，经过多次反复，报经国家主管行政机构批准下达。

1. 确定推广目标

计划是实现目标的具体化措施，因此，在制订计划时要根据目标编制推广计划。推广目标的制订，应在广泛调查研究的基础上，了解一个地区、一个部门或一个区域内，生产上存在的问题，问题的性质，涉及的范围，影响的深度和广度，按问题的主次进行筛选。同时要对生产的历史和现状进行调查，对材料和数据进行分析，在进行科学预测的基础上，确定推广目标。

2. 确定推广项目

计划是由若干项目组成的，目标确定后就要着手项目的预选。预选项目要根据生产中的问题选择那些技术上先进，适合在本地区推广，解决本地区生产中的问题的技术项目。预选项目一般要有农业推广、科研、教学单位的专家和农业行政管理部门参与。

3. 同行论证

项目预选后，要进行同行论证，论证要有推广、科研、教学等部门的同行专家参加。论证的主要内容是项目应用的意义，对解决本地区生产问题的重要性、技术水平、技术经济效益、技术力量、经费和管理水平等进行评估，然后确定适宜本地区的项目。

4. 拟订计划

项目确定后，即可草拟项目计划。拟订计划要针对生产上存在的问题，把能解决本地区生产中关键问题的技术项目作为重点，要突出重点项目与一般项目的区别。

5. 征求意见

草拟计划完成之后，要在更大范围内广泛征求意见。一般需要征求农业生产管理、科委、科协、推广、科研、教学、乡村农业技术推广站等部门和单位的意见。在征求听取各方面意见的基础上，再进行修改后作为正式计划。

6. 审批下达

草拟计划经过修改后，可作为正式计划上报政府主管部门审批。上报前要附上计划编制说明，编制计划采取的方法、征求了哪些部门的意见，生产上存在的主要问题、列入了多少项目、项目实施总面积、推广地域、覆盖率、预计取得的效益、投资的费用和管理办法等情况，便于政府部门批准时参考。计划一旦得到政府部门批准，可由计划批准单位下达执行。

五、农业推广计划的编制方法

农业推广计划的编制，按计划的种类，可采用不同的方法，要结合中、远期规划，来制订中、短期计划。短期计划要根据国民经济建设计划制订，要面向国民经济，与经济建设计划相适应。要明确发展的方向和具体任务，突出重点、统筹安排，注意计划的系统性和连续性。

（一）现状调查

制订农业推广计划，首先要对计划实施区的资源、生产、生活、社会经济等情况进行全面调查了解，才能使计划适应当地生产需要。一般采用以下 2 种调查方法。

1. 实地调查

要取得第一手资料，必须深入实际进行调查研究。可选用重点调查的方法，选点对一个地区或辖区的以下 5 个方面进行调查。①土地、气候、水利、资源等自然条件。②农业人口、农业劳动力、劳动力年龄结构、文化结构、风俗习惯等社会情况。③农业内部结构、各业经济比重、种植业内部作物比例、农村产业结构、经营规模等情况。④农业生产的传统技术、生产手段、耕作技术、栽培技术、养殖技术、农机、电力、农药、化肥、农膜使用等技术情况。⑤生产中存在的主要问题、阻碍生产发展的关键技术问题等情况进行调查。

2. 书面调查

为了广泛了解全面情况，现状调查可采用书面调查的形式。书面调查的方法和形式多样，在实际工作中通常采用印制调查表的形式。

（二）选择项目

推广计划是由单项技术项目组成的，项目选择的正确与否关系到计划能否顺利实施和完成预定目标的重要问题。选择项目首先要搜集科技成果信息，然后进行评价。

1. 科技成果信息的搜集

农业科技成果主要来自四个方面。一是科研、教学单位的科研成果。科研成果是农业科技推广的源泉，生产上应用推广的科技成果都是来自科研、教学单位。这些成果主要以两种形式存在。①物化技术，如作物、畜禽、种苗、优良品种、化肥、农药、薄膜、饲料等。②非物化技术，如作物栽培、畜禽饲养、作物病虫害防治等技术，多以著作、论文、信息库等形式存在。二是引进国外、国内的技术成果。这部分成果大部分是由科研、教学、推广单位引进国内外较成熟的技术通过试验、示范，在本地区表现突出的技术成果。三是农民群众的先进经验，即当地传统的技术成果和已推广应用的固有技术成果。这些成果大部分是群众传统技术的总结，被实践证明技术成熟可靠，仍有一定的应用价值的技术成果，还可再次推广应用。四是技术改进成果。这类成果是科研单位、农业推广单位在原技术的基础上进行某方面的提高和改进，或由推广单位对多方面、多来源、多专业的成果或技术综合组装的成型技术或常规技术的组装配套。所以，这类成果属于科研人员、推广人员的创造性劳动，应算作改进项目，也应纳入推广项目计划。

2. 项目评价

编制计划时要对项目进行全面分析，做出是否列入计划的决策。一个项目的推广是十分复杂的，它不仅与项目自身因素有关，与推广单位技术力量、物资条件以及推广经费等也有关。而且只有对这些项目进行综合分析，定量评价，并择优选用才能使计划更切合实际。反之，一些本来不具备条件的课题被列入计划，将会半途而废，造成人力、物力和财力上的极大浪费。因此，制定一个科学的评价方法十分必要。一般对项目的综合评价因素主要有以下几个方面。

（1）项目水平。项目水平是指项目技术先进的程度。一般可分为"国际领先水平""国际先进水平""国内领先水平""国内先进水平"几个等级。农业技术推广项目，技术要不断更新，以促进技术朝着先进的方向发展，失去先进性的项目一般来说推广的意义就不大了。因此，对项目技术水平的评价是一个重要环节。

（2）项目效益。项目效益是指项目预定达到的经济效益和社会效益。项目效益可分为"效益很大""效益大""效益较大""有一定的经济效益"四个等级。效益等级的划分是一个复杂的问题，目前还处在探索阶段，由于计划实施的范围、地域不同，没有统一的标准。一般认为效益很大，指项目新增经济效益 100 万元以上；效益大，指项目新增经济效益 50 万元以上；效益较大，指项目新增经济效益 10 万元以上；有一定经济效益，指项目新增经济效益 1 万元以上。

（3）技术力量。技术力量强弱是完成推广项目的内在因素。它包括三个方面，一是项目主持人的学术水平。评论学术水平的程度有"很高""比较高""一般"和"较低"等评语。二是项目主持人的组织能力，其能力大小可分为"很强""比较强""一般"和"较差"等。三是项目人员的配备及能否配合，其配备情况可分为"很合适""比较合适""不大合适"和"不合适"四等。

（4）物质条件。物质条件是指完成一个项目所具备的仪器、设备、经费、种子、农药、机械等。可根据具体情况分为"很充足""比较充足""不大充足"和"很不充足"四级。这些因素考虑得当，既能调动技术人员的积极性，又可减少项目计划的风险性，使计划进展更加顺利。

（三）计划的编制

1. 制订推广目标

编制农业推广计划，首先要制订出推广目标。目标是一切有意识活动的基本特征，一切有现实意义的决策都必须以明确的目标为前提。制订推广目标可遵循以下原则。

（1）必须坚持从实际出发。确定推广目标首先要结合本地生产发展、科技发展规划和生产发展方针，把重点放在影响生产发展的重点问题上。任务指标要符合客观条件和发展的要求，防止盲目追求高指标和脱离本地实际，片面追求"新、高、尖"的倾向。

（2）必须建立在科学预测的基础上。目标是制订计划的依据，目标是否实际，关系到计划的成败。因此，制订推广目标时要进行科学的预测和论证。一个科学的推广目标应具备以下几点：全面性、长期性、综合性、相对稳定性、多层次性、阶段性、客观性。

（3）指标要明确。确定目标要以大量的基本数据为基础，在分析以往的数据及经验教训的基础上，通过预测、论证，提出实现目标要达到的具体的数据指标。

（4）目标内容要全面。推广目标内容包括技术目标、经济目标、社会目标和时间目标，要综合考虑，把各项目内容贯穿于总目标中去。

以上4点可作为编制农业推广目标的原则和指导思想。但在实际工作中，制订推广目标是一个十分复杂的工作，目前还没有一个成熟的编制方式和模式。要力求在近期目标和远期目标结合的基础上，近期目标具体些，远期目标突出大框架。

2. 编制推广计划

（1）编制期间计划应注意的几个问题。农业推广计划按期间分有"长期计划""中期计划"和"短期计划"。目前多以"中期计划"和"短期计划"为主。

"长期计划"一般以10年为一个实施期限，要根据生产需要和发展，突出近期、中期项目的综合平衡和结合的原则，有利于技术水平和生产水平的不断提高和发展。在确定各项技术经济指标以及任务指标时宜粗不宜细。

"中期计划"一般偏重于在3~5年内能够开发形成生产力的技术项目。因此，计划应注意将新技术成果和近期内能应用的实用性技术结合，在保证近期生产发展的同时，还要考虑技术的超前发展。计划的各项指标要根据情况确定，不能过高或过低。

"短期计划"时间短，可预见性较强。但由于时间短，在计划安排上要更周密。因此，年度计划首先以促进当前生产发展和解决当前生产实际问题为主，选择实用和成熟的技术项目。各项指标相对要准确和保证完成。

（2）计划项目内容编写。项目确定后，就要着手按项目内容逐项编写计划的具体内容。年度计划一般采用表格的形式进行填写。①分类编号。分类有两种方法：一种是次序分类，即按粮、棉、油、畜、菜、果、茶等顺序分类；另一种是项目分类，即根据确定的主项目将属于该主项目的子项目和支项目，按主次排列归类。编号无统一的编号标准，一般以代码的形式反映年份、项目号、子项目号。第一、第二两个数码代表年份，第三、第四两个数码代表项目，第五、第六两个数码代表支项目。②编写项目计划表。计划表的编写要求文字简明扼要，语言表达要准确，技术、经济及任务指标必须量化，经济效益预算时要以国家规定价为准，主持单位及主持人要有一定技术力量和一定技术职称的科技人员承担，要明确各承担单位的任务。③编写编制说明。为了使上级主管部门、项目承担各单位进一步了解计划的意图和目标，计划编好后必须写计划编制说明。说明内容包括编制计划采用的方法、意图、指标；计划实施年限、区域、面积；推广的主要技术项目及要达到的技术水平；预计产生的经济效益和社会效益；投入的人力、物资、费用及预计投入产出比等。

（四）计划的审查、下达执行

计划编好后，经上级领导部门批准后就可以下达执行。一般将由县级以上科技主管部门（县科委）批准或列入重点推广的计划称为国家指令性计划。指令性计划是国家生产、经济发展的主要计划，因此，在计划的执行中要加强管理，确保按期完成任务。县以上科技主管部门重点推广项目以外的农业单位及部门、行业内主管部门批准的推广计划称为指导性计划，它是指令性计划的补充，是部门和行业生产和经济发展的重要计划，也需要认真组织实施。

第三节　农业推广计划的组织与实施

农业推广计划是国民经济计划的重要组成部分，一经上级主管部门审查批准，便具有指令性质，必须要执行计划所规定的内容，即按照项目的要求，配置人力、财力、物力资源，实行项目目标管理，监督推广活动的有效运行，促成项目目标的实现。推广计划只有落实到推广机构、推广人员身上，并以计划要求控制其行动，才能使计划落到实处，得到执行。根据我国农业推广工作经验，一般要做好以下几个方面的工作。

一、建立实施机构

这是确保圆满完成实施计划的组织保证，其组织形式是建立三种领导小组。

（一）行政领导小组

主要由各级政府有关领导牵头，吸收农业、物资、财政、商业、供销等部门或单位的领导参加。其主要任务：进行组织协调，思想发动，保证做到政、技、物结合，同时帮助解决实施中的有关政策问题和其他问题。

（二）技术领导小组

技术领导小组一般应由农业推广专家牵头，吸收项目有关的学科专家或科技人员参加，其主要任务：解决计划执行过程中的各种技术问题，指导重点试验、示范，开展技术培训，编写适合农民需要的教材，组织经验交流，验收计划活动的结果。

（三）项目协作小组

凡是跨地区或省项目必须建立项目协作小组。项目协作小组由计划涉及的跨区项目的单位负责人组成，并在计划项目主持单位负责人的领导下，吸收相关单位参加。其主要任务：共同实施项目计划，负责检查、考察、经验交流和现场验收等工作。

二、签订执行合同

合同或称契约，是商品生产和交换的法律形式。在我国一般由计划或项目主持单位与计划或项目接受单位的负责人签订。主要内容是用法律的形式明确双方的职责和权利，执行计划或项目的目的和要求，执行进度，完成期限，成果处理以及双方对执行结果应承担的责任和义务等。

三、拟订实施方案

这是执行合同签订以后要做的工作，也是为了有效执行计划安排的活动概要。在这个概要里对如何工作，何时、何地、由何人去执行等问题应详细说明。实施方案要包括实施时间的安排、阶段性目标的确定、实施手段、实施费用安排及具体活动的安排等，这里很多内容在工作计划（工作方案）中已有规定，但实施方案要进一步明确和细化。实施方案主要内容：明确推广计划项目的目的意义和预期达到的目标或指标，以及达到预期目标所必须采取的行政措施、生产措施、推广方法和推广经费的具体使用及具体活动安排；推广项目对象、时间、地点、推广单位、推广人员、协作单位、协作人员；指导时间分配和传授科技成果的教材、教具及人员安排；推广过程中应注意的问题，下次活动要做哪些工作等。

四、做好实施记录

计划实施方案确定后，就按方案要求对推广计划具体组织实施。实施是一个过程，为全面分析考核、比较，评比推广计划规定的全部内容执行情况和按指标规定的效果，就必须对整个实施过程进行认真翔实的记录。记录的主要内容为每天推广工作的基本情况，包括推广的项目或对象；推广的时间和地点；推广人员和劳动力的安排；协作单位与有关人员的协作配合情况；设备资金应用情况；遇到了哪些问题，是怎样研究解决的，是谁同意的等。实施记录还要按旬、月、季度、年度写出报告，制作记录表备查。

五、加强实施指导

推广计划的实施，必须加强实施指导，包括技术指导、经营管理指导和服务指导。

（一）技术指导

科技成果的推广要求使采用者能懂得该技术的成果产生的基本理论、基本知识和基本技术，这就要推广人员给予技术指导。否则，被推广的单位和群众，就不知道这个技术成果是什么东西、有何作用、怎样去做。技术指导方法可以个别指导、送技术上门、手把手教，还可进行访问、示范，开办专项培训班或技术短训班，这些为直接指导。也可通过发资料、技术操作说明书、报纸杂志、电影、电视、广播等实施指导，这些为间接指导。

（二）经营管理指导

经营管理也是一种技术——管理技术。经营管理指导同技术指导一样也是十分重要的。在推广计划实施中发生的各种关系：如人与人、人与物、人与环境的农业生产系统关系；生物与生物、生物与环境的农业关系；推广过程中人、财、物、产、供、销的组合与关系；生产要素的组织与管理；土地、劳力、资金、技术的合理利用与结合；经济、技术、社会、生态效益的评价与核算等一系列问题。而这些问题的组织与管理是一项技术，不是人人都会的，要给予指导。经营指导还牵涉社会、政治、市场、国内国际贸易等影响。经营有风险，如不给予指导，不利于科技成果的推广。

（三）服务指导

在计划执行中，对计划项目服务包括产前、产中、产后服务指导。

1. 产前服务指导

主要围绕计划项目的需要为执行单位和农民提供技术、市场和效益等多方面信息，用以增强执行单位和农民执行计划项目实施方案的信心；同时，帮助农民准备好执行计划项目所需资金及农药、化肥、地膜、农机具等生产资料。

2. 产中服务指导

产中服务指导主要搞好以下 3 种指导。①培训指导。围绕执行方案（计划项目）需要，采取多种形式（例如，办培训班，印发技术资料，利用电影、电视、幻灯片、广播等手段），大张旗鼓地开展项目需要的科技知识宣传，用以提高农民的科技素质，排除计划执行中的各种干扰。②示范指导。选择有代表性、领导重视、农民积极性高、科技基础比较雄厚的地方试验示范区、片或点，搞好典型示范，以及组织农民参观学习，用以推动面上的工作。③技术档案指导。帮助农民和执行工作人员建立执行档案，记录计划或项目的名称、目的要求、技术经济指标、主要措施、作业进度、作业质量、推广方法和执行过程中出现的问题及解决的办法等。

3. 产后服务指导

帮助农民解决执行计划而产生的产品销售、储存、保鲜、加工和综合利用以提高产品的价值和经济效益，确保农民增产增收。

六、进行检查督促

在计划执行中，主管单位组织有关人员，按照合同规定的要求，对计划项目实施，进行督促检查。检查督促的主要任务是发现执行中的问题，帮助农民改进执行工作，不断提高执行质量，保证执行进程。

监督分事前监督、日常监督和日后监督，一般监督和专门监督，自我监督、内部监督和外部监督，经常性和及时性监督等，这些都要根据实际情况灵活运用，以便达到良好的监督效果。

监督检查的内容有四个方面。第一，检查各个项目计划方案落实情况。包括项目推广范围、规模、项目推广组织管理措施，推广人员的岗位责任制落实及承担项目的各部门间协作情况等。

第二，检查项目试验、示范田建立情况。检查试验田设计安排是否符合方案设计要求，各级技术措施、田间技术档案建立情况等。第三，对推广效果进行评估。对技术措施实施后的效果检验，预测能否实现项目方案的技术经济指标，及时发现和解决方案执行过程中存在的问题。如发现技术方案不完善的问题，应及时反馈、修正。第四，及时总结典型经验。在检查过程中，及时发现和总结各承担单位好的推广方法和管理经验。对项目执行有推动作用的典型经验，要及时向整个项目示范区推广。

监督检查的方法有两种。第一，建立定期报告制度。由项目承担单位在项目执行的各个阶段将项目执行情况结合自查进行认真总结，写成专题报告，向项目主持人和管理单位汇报。必要时可召开项目汇报会，总结前一阶段工作，提出下一阶段的指导性意见。第二，组织项目联合检查。为保证推广目标的实现，在项目执行的关键阶段，由项目管理单位和项目主持人组织有关专家和管理人员深入示范区联合检查，听取推广人员的汇报和农民的反映，进行田间实地考察，及时解决项目执行中出现的问题。联查结束后，写出专题联查报告，向项目管理负责人反馈。

七、做好总结工作

做好总结工作，既是管理工作的需要，也是提高计划制订和执行工作效果的需要。总结可分年度总结，阶段总结或结项总结。其主要的内容：项目的来源，执行依据，预期目标；实施的结果，成绩和问题，基本经验；主要技术措施与改进；完成任务的方法；评价与建议。

由于年度总结、阶段总结和结项总结都是反映计划制订和执行的质量和水平，以及鉴定推广成果的主要依据，因此在写法上，也要十分讲究。总结多年的经验，只要做到观点明确、概念清楚、内容完善、重点突出、科学性强、实事求是、语言精练、逻辑性强，就会收到很好的总结效果。

第九章　农业推广沟通

农业推广沟通贯穿于农业推广的全过程,是推广、培训和信息传播的基础,是农业推广工作中的一项重要的、必不可少的活动。运用语言和非语言沟通,推广人员可以更好地了解农民的多样化、个性化需求,为农民提供信息、传授知识、指导技术,提高农民的素质和技能,改变农民的态度与行为,并根据农民的心理和需求不断调整自己的态度、方法、行为等。在本章中,将介绍农业推广沟通的基础理论,并阐述农业推广沟通的方法与技巧,以期为具体应用在各种农业推广方法之中服务。

第一节　农业推广沟通的概念及分类

一、农业推广沟通的概念

(一) 传播与沟通

传播和沟通二词皆由英文"Communication"翻译而来,在传播学译著和专著及一些新闻业务研究的刊物中,传播学者将其译为传播,而社会学研究者将其译为沟通。

传播和沟通具有相似之处:两者都以客观事实为原则,围绕公共关系的总目标,借助一定的信息载体,传播公众关注的内容,采用公众接受的方式,强调信息交流的双向性。

尽管传播和沟通语义相似,但是意义却不重合:大众传播中传播主体是一个群体或是一个社会组织;信息的准备由许多人参加,具有信息的产生与信息的传播两种不同的职能;传播者一般不能决定传播内容。而人际沟通的主体是人,信息的生产者与传播者是同一个人，传播者可以决定传播的内容。从信息的接收者来看，大众传播具有明显的公众性。接收者往往是广大的不知名的公众，传播者往往不知道接收者是谁。而人际沟通的接收者是明确的，传播者与接收者是在同一空间发生信息的交流。大众传播的反馈常常是间接的，不同步的，具有明显的单向性，一般是传播机制强而反馈机制弱；而人际沟通是直接的，具有明显的双向性，传播和反馈可以同步。因此，传播和沟通是相互依附、相互配合的两个环节，传播是沟通的前奏，沟通要借助于传播，沟通本身是传播的结果。它们相互配合、相互补充，运用传播的理论和技巧来达到沟通的目的。

综上所述，传播是指宣传、传授、表达、传递和散布的意思，是将个体的物质或能量传递给其他众多个体的过程，是将个人或一部分人的思想、观点传达给大众的过程。从这个意义上讲，传播更多的是指信息的单向流通过程。

沟通是指在一定的社会环境下，人们利用相互认同的符号系统，如语言、文字、图像、记号及形体语言等，以直接或间接的方式，交流和传递各自的观点、思想、知识、兴趣、情感、爱好等信息的过程，是社会信息在人与人之间的交流、理解与互动的过程。沟通是信息的双向流动过程。

（二）农业推广沟通

农业推广沟通是一个信息传递的过程，在此过程中，农业推广工作人员与农民之间在一定的社会背景下，利用适当的渠道（方式和方法）相互传递信息、交流和影响，以期达到信息共享、相互理解、思想和行为自愿改变的目的。

农业推广沟通是推广、培训和信息传播的基础，是农业推广工作中的一项重要的、必不可少的活动。通过与农民的沟通，推广人员可以更好地了解农民的多样化需求，为农民提供信息、传授知识、指导技术，提高农民的技能和素质，改变农民的态度与行为，并根据农民的需求和心理不断调整自己的态度、方法、行为等。农业推广沟通贯穿于农业推广的全过程，体现在各种农业推广方法的具体应用之中。

二、农业推广沟通的作用

农业推广沟通是在农业推广人员与农民之间为了实现某种目标或为了完成某项推广工作任务的背景下发生的，沟通过程的参与者是一种平等与合作的关系。

(一) 获取与传播信息

农业信息的获得和传播是农业推广沟通的重要作用之一。利用大众传媒（广播、电视、报纸等）来获取信息、传播信息是推广人员普遍采用的一种技术手段。但是农民能否真正理解和接受大众传媒的信息，从而产生共同的信念和行动，取决于大众传播发出的指令性信息是否与其所依存的农村社会背景相协调，取决于农民的普遍心理倾向。因此，农业推广人员要通过观察、采访、座谈等人际沟通手段了解推广对象的社会经济和文化背景、生产需求及存在问题，根据政府的政策目标和农民的需求目标，筛选和调整农业推广的内容（信息）。

(二) 创造和谐轻松的气氛，建立友好真诚的情感

农业推广人员要创造相对宽松的谈话甚至是闲聊的环境（例如，农村的田间地头、农家的院落、农民的炕头等），利用各种文娱活动营造出和谐亲密的气氛，让农民敞开自己的心扉，提出自己的问题与困惑，意见与建议。农业推广人员要积极、及时、认真地总结和解决相关问题，在此过程中与农民建立理解与信任的关系。

农业推广人员以真诚、平等的态度与农民相处，在尊重对方的前提下，实现彼此间的发自内心的喜欢和欣赏，提供和接受彼此间的关心和帮助，建立推广人员与农民间友好真诚的情感。

(三) 提供咨询，解决问题，协助决策

通过与农民沟通，针对不同推广对象在农业生产经营管理中存在的紧迫技术问题，科学地分析问题产生的原因，提出相应的

技术措施。为农民提供农产品市场行情等农民急需的信息，改变农民的生产与经营理念。

农民在应用一项新的科技成果或接受新的经营理念过程中可能会遇到某些无法解决的或意料之外的问题，或者无法确定新的技术或理念是否合适。农业推广人员在仔细倾听农民的表述、意见和想法之后，要帮助农民正确地分析应用中的问题，对应用的结果及前景进行科学合理的预测，协助农民做出正确的决策。在遇到农民不理解政府政策或推广项目时，不能生硬命令和强制执行，而要利用人际沟通技巧、做耐心细致的说服动员工作。

（四）监测评价，修正错误

在农业推广项目进行过程中，要及时发现问题，总结经验。对于不适宜的项目或某些技术环节要及时完善和更新，完成科技成果的再创新过程。

对有关农民利益的政策、决策和规章制度的落实过程，实行公开的监测和评价，有助于随时发现问题，及时修正错误。这里的监测、评价一方面是指公开的舆论监督，另一方面是对农村中的创新做法和发展策略的选择进行监督。

三、农业推广沟通的分类

（一）根据沟通者之间有无组织关系依托进行分类

1. 正式沟通

正式沟通是指按照组织明文规定的结构系统和信息流动的路径、方向、媒体等进行的信息传递与交流的过程。正式沟通把农业创新信息传播开去，有的要做到家喻户晓，有的只传达到一定范围。这种沟通的优点是正规、严肃，富有权威性。参与传播与沟通的人员普遍具有较强的责任心和义务感，从而易保持所沟通信息的准确性和保密性。这种沟通的缺点是比较刻板，缺乏灵活性，信息传播范围受限制，传播速度比较慢。

正式沟通按信息流向可划分为3种基本类型。

（1）自上而下的沟通。信息从高层次向低层次成员流动，如上级向下级下达政策、规定、计划、任务，传达新思路、新经验、新技术等，如省技术推广总站向市（地区）农技推广部门下达通知。这种沟通具有三方面的功能：一是保证组织目标的实现；二是促进组织的新陈代谢；三是推动组织的思想教育。但这种沟通往往形式单调，再加上通过层层传达，信息容易遗失或被曲解。

（2）自下而上的沟通。信息按组织职权层次，从下级成员向上级成员流动。如乡农技推广站依照规定向县推广中心报送汇报材料，提交书面或口头报告、建议、要求、意见等。这种沟通方式具有一定的决策和监督功能，但信息的精确度较低，容易出现主管人员因为自己的喜好和独断对信息加以过滤的现象，阻碍客观信息的向上传递。

（3）横向交叉的沟通。在同一层次或类似组织成员间，或不同组织层次的无隶属关系的成员之间所进行的信息交流。这种沟通方式可加速信息的流动，促进理解，具有协调作用。如同级推广机构之间的信息交流，不同部门的协商会、合作会等。缺乏横向沟通是我国现有组织中存在的通病，主要原因是生产的社会化、商业化和现代化程度还不高，以及不同职能部门之间分割严重。

2. 非正式沟通

非正式沟通是指在一定社会系统内，通过正式组织以外途径进行的信息传递和交流。这类沟通主要是通过个人之间的接触，途径繁多且无定型。

非正式沟通之所以发生，主观原因是人们本来的好奇心理，喜欢打听一些正式渠道得不到的消息；客观原因是正式沟通渠道发生故障，或者效率太低，无法在短时间内担负起迅速沟通的任务。

正式沟通和非正式沟通都客观存在于组织机构中，有效的管理应以正式沟通为主。为了充分发挥整个组织的创造力，领导者以最大的可能利用正式沟通渠道，保持良好的开放式沟通，使人人明白组织的目标。部门与部门、人与人之间的工作情况的正式沟通，对发挥创造力关系极大，但也不能忽略非正式沟通的作用。在必要时，可以通过非正式沟通来达到提高管理效果的目的，如农业推广人员与农民之间私下交换意见，农民之间或农业推广人员之间的信息交流等。此种交流不受组织的约束和干涉，可以获得通过正式沟通难以获得的信息，是正式沟通的有效、必不可少的补充。非正式沟通除了交流工作信息外，更多的是情感交流，对于改变农民的态度和行为具有重要作用。

因此，农业推广工作中要以正式传播与沟通为主，同时要发挥非正式传播与沟通的作用，从而达到更好地传播与沟通的效果。

（二）根据沟通所采用的媒介不同进行分类

1. 语言沟通

语言沟通是指利用口头语言和书面语言进行的沟通。

（1）口头语言。沟通中的绝大部分信息是通过口头传递的，这是所有沟通形式中最直接的方式。口头沟通可以再分成听话、说话、交谈和演讲不同的形式。

进行技术讨论会、座谈会、现场技术咨询、电话咨询等为口头语言沟通。口头语言沟通简便易行、迅速灵活，伴随着生动的情感交流，效果较好，但信息易被曲解且保留时间短，同时受空间通信设备条件的制约。

（2）书面语言。书面记录具有长期保存、有形展示、法律保护等优点。受时间、空间的限制较小，保存时间较长，信息比较全面、系统，但对语言文字的依赖性较强，沟通效果受文字修养的影响较大。书面沟通可以分为阅读和写作两种形式。

利用报纸、通信、杂志、活页、小册子等印刷品的传播与沟通称为书面语言沟通。书面语言在正式发表之前能够被反复修改，作者所传播出的信息能够被充分、完整地表达出来，因此，书面沟通显得更加严密，逻辑性更强，条理更清晰。书面沟通还给接收者留有相当大的思考余地，可以让其充分理解这些信息。但书面沟通耗费时间较长。

在同等时间的交流条件下，口头沟通比书面所传达的信息要多得多。据统计，花费一小时写出的东西只需一刻钟就可以说完。书面沟通的另一个缺点是，不能及时地提供信息反馈，发送者往往要花费很长时间来了解信息是否被接收并被准确地理解。因此在农业推广工作中，常将口头与书面两种传播与沟通方式结合起来应用。

2. 非语言沟通

非语言沟通是借助非正式语言符号（如肢体动作、声音、面部表情等）来进行的沟通。非语言沟通对某些简单的思想、感情进行表达，对语言表意进行补充，使语言表达得更明确、生动，可充分地表达人的感情。

（1）有声沟通。有声沟通指人们通过发音器官或身体的某部分发出的非语言性声音进行的沟通，包括两类：一是辅助语言，指宣讲、报告等中的声音的音质、音量、声调、语速、节奏等；二是类语言，指有声但无固定意义的语言外符号系统，包括呻吟、笑声、哭泣、叹息、掌声等。

（2）无声沟通。无声沟通指通过身体的动作姿势和表情以及其他一些环境因素的非语言沟通方式，包括表情、体态、装饰、时空距离、艺术性的非言语手段等。①表情。它指人体通过眼、眉、耳、鼻、嘴等变化表达其喜怒哀乐情绪。其中以眼神传递的信息最为丰富，在沟通中起很大作用。②体态。它指身体的无声动作，如点头、摇头、耸肩、触摸、手势等。当人心情愉快时往往步履轻盈，有防御情绪时则两臂交叉于胸前。③装饰。如服装、服饰等，可以表现一个人的特性，传达人的职业、文化修养、社会背景等信息。④时空距离。它指人们在沟通中所把握的时间与空间尺度。人际沟通时间尺度如预约、守时、准时的时间概念反映了人的个性、文化、价值观以及沟通过程中的诚意和尊重程度。用空间领域的距离大小来衡量人与人之间关系的远近、亲疏。⑤艺术性的非言语手段。它主要是指身段的动作、声音的韵律以及色彩线条的组合所暗示的语音，如舞蹈语言、音乐语言、图画美术语言、广告及商品包装等。

（三）根据信息传送者与接收者的地位是否交换进行分类

1. 单向沟通

沟通过程中传送者与接收者地位不变是为了传播思想、意见，并不重视反馈。

2. 双向沟通

沟通过程中传送者与接收者地位不断交换，信息传播与反馈往返多次，如小组讨论、咨询等。双向沟通速度慢，易受干扰，但能获得反馈信息，了解接收状况。

（四）根据接触范围和媒介不同进行分类

1. 人的内向交流

人的内向交流即自我交流，指内心的思考。人脑是信息库，储存着大量的信息，自我交流对于农民做出正确决策是起决定性作用的。人的内向交流的活跃程度取决于储存信息的多少，对于农民来说，吸收和研究农业新信息对内向交流非常重要。

2. 人际沟通

人际沟通是指人与人之间通过语言文字符号或其他表达方式进行信息传递和交换的过程，属于直接交流形式，是一种双边的影响行为的过程。农业推广人员有意向地把信息通过一定的渠道传递给意向所指的农民，以期唤起其思想和行为的自愿改变。

人际沟通可以起到获取信息、增进了解、协调关系、转变态度和激励行为的作用。人际沟通在农业推广中具有以下突出优点：一是获取信息的时间间隔短，速度快；二是具有高度的选择性和针对性；三是反馈迅速。

3. 组织传播

组织传播指的是组织所从事的信息活动。它包括两方面：一是组织内成员与成员的信息互动；二是组织与组织的信息互动。这两方面都是组织生存和发展必不可少的保障。传播的先决条件就是组织成员要掌握适度的信息。农业信息主要通过专业会议、专题报告等来传递。

4. 大众传播

大众传播是一种信息传播方式。在农业推广工作中，是农业推广部门利用报纸、杂志、书籍、广播、电影、电视等大众媒介向农民传送消息、知识、技能的过程。

（五）根据目的不同进行分类

信息传播指以交流信息为主要目的的传播，如提供市场信息、科技信息等。

心理沟通指人的心理活动的交换，包括感情、意志、兴趣等的交流。如通过推广人员耐心的科技教育转变农民对新技术的态度，从拒绝采用到主动采用；对于生产上遭受挫折的农民，经过推广人员的帮助，找出问题，确定对策，使农民鼓足勇气，克服困难等。

第二节 农业推广沟通的基本程序、要素与特点分析

一、农业推广沟通的基本程序

农业推广沟通的核心是信息。从单向传播的角度来看，对农业信息的传递和接收就构成了沟通的过程；而从双向沟通的角度来看，农业信息被接收后，还包括一个农民主动反应和理解的阶段。

农业信息若被传递、接收和理解，需要经过一系列过程。由农业推广人员（信息传送者）发布的信息，经过用语言、文字等媒介（沟通媒介）的编码转换进入书信、文件、电话、电视、广播、面谈等信息渠道（沟通渠道），再经过对信息进行必要的加工处理译码阶段，最后传递给接收者（农民），从而构成一个信

息传播的全过程。当接收者（农民）对信息做出反应时，就产生反馈。有效的沟通不仅是传送者将信息通过渠道传递给接收者，同时接收者还要将自己所理解的信息反馈给传送者。这个过程可用下面的式子来表示：S—M—C—R—F。其中，S 为传送者或信息来源（Sender），M 为信息（Message），C 为途径或渠道（Channel），R 为接收者（Receiver），F 为反馈（Feedback）。

农业推广沟通的七要素动态地结合完成农业信息的交流，具体可以分为六个阶段：农业信息的准备阶段—农业信息的编码阶段—农业信息的传递阶段—农业信息的接收阶段—农业信息的译码阶段—农业信息的反馈阶段。这六个阶段的次序和规律，就是农业推广沟通的程序。因此，农业推广沟通的基本程序：由推广人员进行农业信息准备，然后将这些信息进行编码，变成农民能够理解的信息传递出去，经一定的途径（渠道）让农民了解；农民在收到信息以后，进行译解，变成自己的意见并产生相应的行为，然后将行为结果反馈给农业推广人员。

（一）农业信息的准备阶段

农业信息准备是指推广人员了解农民的需求（Who），从多种途径获得具有针对性的农业信息（What），确定什么时间（When）、在什么地点（Where）、以什么形式（How）进行信息的传递。

1. 确定信息接收者

落实确定农村中的集体或个人、领导或群众、示范户或一般农户等背景资料及其意向和需求，从而为收集获取针对性的信息做准备。

2. 确定农业信息内容

在沟通前，系统地分析农民意向和需求的重点，明确所要解决的问题，确定信息的相关资料，如信息的数量、质量、适合性等。

3. 确定信息传递时机

信息传递的时机很重要，过早则时机不成熟，不一定能引起对方兴趣；过晚则由于时过境迁而失去使用价值，因此要把握好沟通的时机。针对农业生产的特点，确定时间是否恰当。

4. 确定信息传递的地点和形式

确定是在村委会、田间地头还是农户家里，是集体指导、个别指导还是利用大众传媒等。

(二) 农业信息的编码阶段

农业信息编码就是指推广人员以语言、文字或其他符号来表达所要传播的信息，以便于信息的传播和农民的接收。信息编码有以下几方面的要求。

1. 农业信息表达简洁、准确

语言和文字是农业推广沟通最常用的工具。在与农民进行沟通时，要使用双方熟悉的语言，内容简洁、重点突出，语言文字通俗易懂、形象生动。

2. 沟通媒介配合协调

语言形式和非语言形式、书面语言和口头语言相配合、相结合。要根据沟通对象的背景、沟通内容选择适当的沟通工具。

3. 考虑农民的接收能力

在编码时要考虑农民个人或群体的年龄、文化背景、个性特点及接收能力，从而确定适宜的信息量。

(三) 农业信息的传递阶段

农业信息传递阶段是农业推广人员借助沟通工具，通过一定的渠道，把农业信息传送出去的过程。有效的信息传递，要注意以下几点。

1. 选择合适的工具和渠道

根据内容选择不同的渠道和工具来传递，同时兼顾经济、有效的原则。

2. 控制传递的速度

传递的速度过快可能会使对方接收不完全，欲速则不达；过慢则可能坐失良机，影响沟通效果。不要重复主题，不要在一个问题上耽误太久。

3. 防止信息内容的遗漏和误传

信息内容表述有条理，简明扼要。要尽最大努力排除各种干扰，力求准确、无遗漏。

（四）农业信息的接收阶段

农业信息接收阶段指农民从沟通渠道接收农业信息的过程。在接收信息时应力求做到完整准确、条理清晰。

（五）农业信息的译码阶段

农业信息译码阶段是接收者（农民），把获得的信息进行译解，转换成为自己所能理解的形式的过程。要求接收者能充分地发挥自己的理解能力，准确地理解所接收的信息的全部内容，防止断章取义，误解传递者的原意。

（六）农业信息的反馈阶段

农业信息反馈阶段是接收者对接收并理解的农业信息内容加以判断，采取行动，将信息或行动结果向传递者（推广人员）做出一定反应的过程。本阶段要注意以下两个问题。

1. 及时

这样可使传递者及时了解信息被接收的程度，便于传递者及时采取相应措施，提高沟通效果。

2. 主动、清晰

农民要积极主动地反馈，清楚地说明自己对信息的理解、行动的结果或困惑。农业推广人员对农民表述不清楚的问题要追问且加以梳理，给予及时、有效的回应，依发问的心态与内容采用不同的方法回答。这样才能真正实现双向交流，提高沟通效果。

二、农业推广沟通的要素

农业推广沟通是一个信息传递的过程，包括 7 个要素：传送者、接收者、信息、渠道、反馈、关系、环境。只有以上这些沟通要素有机结合，才能构成沟通的有效体系，实现信息的有效交流。换言之，只有对沟通过程的不同要素和不同阶段分别进行考察，了解农业信息交流在每一阶段上运动的情况，确保农业信息交流的正常通畅，才能真正提高农业推广沟通的有效性。农业推广人员与农民之间能够相互理解，达成共识，并采取相应的行为或改变某种行为，农业推广沟通便达到了效果。

1. 传送者

信息的传送者可以简称为传者，是制造信息来源的人或者机构。在农业推广机构中，农业推广人员一旦获得了农业创新的信息，就会主动或被动地向农民、农村推广此项创新，此时推广机构或推广人员就成为传送者。

传送者在传播与沟通中居于主动的地位。首先要进行信息的准备，包括确定传播信息的目标、传播信息的内容、信息的接收者、信息传递的时效性、信息的编码，信息表达要准确、无遗漏，要考虑接收者的接收能力；其次要考虑通过何种渠道使农民或农业组织及时、迅速地接收到信息，理解信息，并能够在农业生产中应用。

2. 接收者

信息的接收者可以简称为受者。当推广机构或人员发出信息后，农民通过一定的渠道接收到农业创新的信息并有选择地消化、吸收这些信息，进一步转化为自己理解的内容，并经过判断采取相应的行为。农民在应用此项创新中，会将此行为过程和结果反馈给农业推广人员，从而完成又一轮的传播与沟通过程。

因此，农业推广人员和农民共同构成农业推广沟通主体。农业推广沟通具有一定的目的性，是要把农业创新信息传送给农民。由于农业推广沟通多以双向沟通的形式出现，当农民将自己的反应或问题反馈到农业推广人员那里的时候，二者的位置互换，所以沟通中传送者和接收者的划分也是相对的。

3. 信息

传递过程中的内容称作信息。农业推广中，信息一般是以农业科普文章、讲话、简报及声像资料的形式进入传播与沟通过程的。农业创新能够成为信息被传送，需要转变为传者与受者都能理解的符号，即语言、文字等。信息是与传送者、接收者紧密联系的统一体。它们相互依存，没有沟通内容（农业创新信息），则无所谓传送和接收。它们相互作用，传送者与接收者的状况决定沟通内容（农业创新信息）的选择和再创造；反过来，沟通内容的状况及其变化也影响沟通主体——传送者与接收者的态度。两者相互转化。发送者与接收者的主观因素在传播与沟通过程中常常转化为传播与沟通内容的某些方面。如传播与沟通主体对信息感兴趣与理解，丰富或减少了原来的内容，也即沟通的信息在沟通过程中或多或少地被农业推广人员和农民的主观因素所左右。

4. 渠道

传递的途径和方式称为渠道（或通道、路径）。农业推广沟通渠道是指传送和接收农业创新信息的通道或途径，是由农业推广人员选择并借此传递信息的媒介，包括大众传播媒介、声像宣传媒介、语言传播媒介等。它是传递社会意识的直接物质载体。渠道的选择直接关系到信息传递或反馈的效果。在推广工作中，根据不同的信息内容，可以采取扩散型传播渠道，即由推广人员首先指导科技示范户，示范户再带动周围一大批农民。也可以采取全通道型传播渠道，例如，农民小组讨论会、辩论会等就属于这种渠道。根据不同的农民群体，还可以采取专业交流、科技教育、科技普及和技术传播等传播渠道。在传播过程中要根据农业推广沟通的农业创新信息选择合适的辅助媒介和渠道，使用的媒介要相互协调、配合，能够控制传递的范围和速度。

5. 反馈

反馈用在沟通中是指接收者对传送者信息的反应。农民对接收到并理解的信息内容加以判断，向传递者（推广人员）做出一定反应的过程。农民主动、及时、清晰地反馈，有利于农业推广人员及时了解信息被接收的程度，便于及时采取相应措施，提高传播与沟通效果。通过反馈，农业推广人员可以了解农民对农业创新信息的要求、愿望、评价、态度等。根据不同的情况，可以采取面对面的人际沟通或通过大众媒介进行沟通的方式。

6. 关系

关系指传者与受者之间的亲密关系、信任程度以及相互间的结合力。一般权威性大、品德高尚、作风端正、平易近人的农业推广人员会使农民愿意接受和倾听。当农业推广人员与农民的关系逐步密切时，沟通逐渐加强，农业创新信息便会以某种方式被交换或解释；当这种关系逐步疏远时，农业推广与沟通会逐渐削弱，信息就可能变成另一种方式被交换和解释。如农业推广人员与农民形成类似亲属、朋友、同事的关系，能够自然而融洽地相处，就会使沟通变得轻松而简单。

7. 环境

沟通总是发生在一定的情景和场合中，称为环境。农业推广沟通的环境可以影响其他要素或者整个农业推广过程。人的社会属性，决定其必然受到所在群体、所处环境的文化氛围的影响和制约。在不同地区和不同环境内，人们表达的方式、交换的信息等会有很大差别。同样，在不同场合下的信息也会引起受者不同的理解。因此，在理解某种含义时，不能脱离当时、当地具体环境条件，以免造成或多或少的传播与沟通障碍。

三、农业推广沟通的特点分析

（一）农业信息

1. 农业信息具有不确定性

首先是农业创新技术本身具有不确定性和风险性，在应用中需要摸索和调整，总结经验，实现农业创新技术的再创新；其次是农户和科技人员或者中介机构对技术效果的认识常常存在差异；最后是农业生产具有不确定性，农业技术的应用必然受到生物学规律、经济规律、农业政策的支配，因此，需要农业推广人员组织协调和综合管理。

2. 农业信息具有社会性、公共性

农业信息属于农业基础性建设，技术成果的保密性较差，易于被模仿，难于物化，不易利用市场垄断和专利手段推广，从而具有开放的特征，使农业推广工作中含有不可回避的公益性传播与沟通任务。同时，农业技术的使用不仅使农民受益，同时也使社会受益、国家受益，甚至具有政治意义，因此，农业推广沟通过程中，政府起到不可替代的推动、引导、保护和组织作用。

3. 农业信息具有指导操作性

农业技术信息一般应同时提供指导操作信息，相对优越的、简单的、可试验的、成本低的技术信息会增加传播与沟通的效果。

4. 农业信息具有很强的实效性和政策性

政策的指导和约束在农业发展中占有重要位置与农业相关的政策、法规以及执行中的动态反馈是农业信息中的一项重要内容。及时、准确的信息是农业推广工作成败的关键因素。

5. 农业信息具有连续性

农业生产及农业经济活动的连续不断，要求农业生产信息要有一个能经常进行动态监测的系统，而对反映经济活动的农业经济信息，则要新、老信息的不断积累和更新。

（二）农业传播与沟通媒介

与城市相比，农村经济相对落后，交通不便，居住分散，环境封闭，现代传媒介入困难，社会变动缓慢。农民文化程度较低，社区信息总量较少，人口跨区域流动不频繁，亲缘和地缘人际交往大大多于其他交往。这决定了媒介环境比较简陋、脆弱，整合性较差。有线广播是农民获得农业信息的首选或次选。

政府和农业推广机构加强包括农村传播与沟通媒介的信息工程建设，起到服务和引导作用。例如，搞好交通、邮电、通信等基础设施的建设；搞好电视、广播的接收，音像制品、图书报刊的发行等信息媒体的建设；支持公益的农业信息数据库建设和信息传播工作。

（三）农民

接收者的差异大，思维局限性较大。不同地区、不同个体的农民认知和接受能力存在较大的差别。因此需要了解农民的知识、态度和社会背景，利用客观的、农民熟悉的信息源，调整信息使农民容易理解、接受和运用。

农民的思维方式具有一定局限性，其原因有3个方面。

（1）传统的经验主义。其经济地位和社会阅历决定了他们"眼见为实，耳听为虚"的世界观与思维模式，只信奉具体可感知的东西，在一定程度上形成重感知体验的思维定式和传统。

（2）体制原因。由于体制和经营机制的影响，农村中家庭承包经营的方式还不够完善，没有发育到产业化和社会化大生产的水平。这在客观上限制了农民的视野。

（3）利益观念的原因。农民更关心切身利益和具体问题。

（四）农业推广人员

农业推广人员是指从事农业推广工作的专职人员，是农业推广组织的各项资源中最为重要，也是最为活跃的一个部分。农业推广工作具有公益性，是一种带有一定体力劳动的脑力劳动，工作对象主要是农村居民，工作内容具有综合性，主要以个体的分散劳动为主，工作时间和空间具有较大的灵活性，农业推广工作效果具有综合性和迟滞性。

（五）社会背景

传播与沟通需要在了解农村社会背景的基础上进行。一项新的技术一般与农民的习俗有一定的差异。要改变农民长期形成的传统习惯，接受新的思想和技术变革难度很大。因此，了解和研究当地经济、社会、生态、人文条件是不能忽视的基础工作，然后再来确定适宜的技术和沟通的媒介。

（六）传播与沟通主体的关系

传播与沟通主体间关系具有不确定性。

1. 推广人员和农民的关系平等，但角色有差异

推广人员和农民都是传播与沟通的参与者，在这个意义上两者相互平等。但是农业推广人员是为推广科学技术、发展农村的目的来传播与沟通的，所以推广人员常常以沟通的传送者的面目出现，两者互相提供的信息的数量和作用是不相同的。

2. 推广人员和农民要彼此适应，但作用不同

农业推广工作是需要推广人员和农民共同努力的。在这个过程中，推广人员更应主动适应农民。农业推广沟通是以农民的需求为基础的，推广人员应该了解和适应农民，而不是农民去适应推广人员。在沟通中主要是农业推广人员根据农民的具体条件、具体需要决定传播与沟通的方法和内容。同时，农民要积极配合推广人员的工作，达到共同进步和发展的目的。

3. 双方互相影响，但性质不同

推广人员对农民的影响主要是提高后者的素质和技能，改变其态度和行为。也就是说，通过沟通要使农民掌握一定的先进技术，把科技成果传播、普及开来，变为现实的生产力。而农民对推广人员的影响则是使后者对前者有更充分的了解，如当前存在的问题是什么、农民需要哪些方面的技术和信息等，从而改变推广的方法和调整服务的内容。

(七) 农业推广沟通过程中的人际关系

1. 心中有对方

在一般意义上，传播与沟通过程中的关系比较简单。例如，农业推广沟通起始于意识到对方的存在，农业推广人员与农民为了一组双方都感兴趣的信息符号聚在一起，有着彼此之间需求的关系，靠着这种关系，就可以开始和继续农业推广沟通行为。

2. 价值的认可

沟通关系是指所创造的、所限定的以及最终保持在沟通过程中的传者与受者间的结合力。每当一种信息被交换时，这种关系就会加强或削弱（有时，即使信息不被交换，关系也可能改变）。反过来，此关系的变化也会影响沟通过程所发送的信息含义。

沟通关系表现在对对方的了解程度上。从本能上说，人们对别人的了解往往基于自己的思想基础上。也就是说，在沟通中，人们很在乎别人的反应。有时候，人们可以预测别人的反应，通过这种预测来改进自己的沟通方式和内容。两个人之间的沟通是这样，农业推广人员与农民之间的沟通也是这样。农业推广人员或组织往往要预先知道他们服务的对象是谁，根据对服务对象的了解来进行推广项目内容的取舍和组织。对农民和农民生活的社会环境了解得越多，推广内容越有针对性，对农民越适合，农民越会欢迎所推广的项目；反之，了解农民越少，或者说了解的真实性材料越少，越容易造成主观臆断，越难取得良好的推广效果。

3. 兴趣和利益

有效的沟通是双方兴趣点的结合，传播与沟通不仅需要一方具有某方面交流的动机，另一方也要有需求，这样才能使沟通成为可能。从某种意义上说，传播与沟通是一个相互给予和获取的过程。因为沟通需要时间，也需要精力投入。如果传播与沟通双方都抱有从中受益的希望，那么他们就舍得花他们的时间和精力在其中；反之，如果一方对对方表达的一些东西没有兴趣或认为根本就不值，就会退出这个过程。

在沟通过程中，人与人的关系表现为三种形式，即仰视、俯视和平视。这三种形式决定了一方对另一方的态度和行为。

仰视一般表现为对传播与沟通对象崇拜、尊敬的一种行为。在农业推广过程中，农民往往对领导、专家等有较高社会地位的人的态度和蔼、谦卑，因为自己觉得在很多方面比对方差，与对方的交流可能更多是接受，因此情不自禁地向对方表现出一种敬畏和服从关系，有时也表现为疏远和冷落。

俯视一般表现为对传播与沟通对象蔑视和轻视的一种行为。这在农业推广中是最为忌讳的。

平视一般表现为对沟通对象平等相待的一种行为。在农业推广工作中，推广人员与农民要以对同事、朋友等社会地位相似的人的态度，表现出随意、相互认同，常常辅以推心置腹的交谈，向对方表现出一种平等交流的关系。这种关系是一种相互尊重的关系，是一种向别人学习的心理和态度，因此，会产生有效的传播与沟通。由于是平视，双方都不觉得累。而且通过传播与沟通都有收获，因此这种关系可以相对长久。

沟通关系受到人们地位差别的影响很大，这种影响被称为位差损耗效应。美国加利福尼亚州立大学研究发现：从上到下的信息只有 20% ~ 30% 被下级知道并正确理解；从下到上反馈的信息不超过 10% 被上级知道和正确理解；而平行交流的效率则可达到 90% 以上。农业推广工作中要形成农业推广人员与农民之间平等、友好的朋友关系，这将有利于农业推广沟通的效率和效果。

第三节 农业推广沟通的一般原则、基本技能和技巧

一、一般原则

(一) 正确的行政引导，密切的沟通合作

农业推广是一个较复杂的社会系统工程，光靠推广部门的力量或农民的自觉意识是远远不够的，把推广意图与行政引导结合起来，借助行政力量宣传推动是必要的。但是行政引导不等于行政干预，政府只能引导和见证、监督，不能代替农民决策。行政部门应遵循客观规律和尊重农民的主观愿望，在广造舆论、培训农民、制定政策、协调服务上多努力，在抓典型、树样板、组织农民观摩对比、让典型农户现身说法上下工夫，引导农民变被动为主动，变盲目为科学地使用新技术。

农业科研机构等科技新技术、新信息的输出与推广部门的关系越密切，信息传送的距离就越短，噪声干扰就越少。精简组织，尽量减少信息传递的层次，可大大提高传播与沟通效率。

(二) 提升素质与专业技能，加强参与和互动

农业推广人员的技能高低会直接影响与农民沟通的有效性。提高推广人员的科学文化素质，强化专业技能有两条途径。一是鼓励推广人员不断更新知识结构。各级政府要投入一定的财力支持推广人员脱岗进修、外出学习、购买图书报刊资料，定期邀请有关专家讲课辅导，帮助推广人员调控知识结构，以适应市场需求的变化。二是注重对推广人员的能力培养。应重视技能素质的训练，提高人才培养的质量，特别是要注重培养他们的自学能力、调研能力和对农村实际的适应能力。

在市场经济条件下，农民拥有技术采用的自主选择权和决策权。应积极采用参与式模式进行沟通，具体问题由农民提出，使农民根据需要有选择、有针对性地学习相关知识与技能，自己来解决这些问题，使农民自愿、主动地处于沟通主导地位。这样在

沟通过程中才能始终贯彻"以人为本"的指导思想，解决农民在生产实践和社会生活中遇到的各种问题。选择农村中比较活跃的先进农民作为科技示范户，通过他们形成信息沟通网络。此举在农业推广中经常被采用。

（三）提高信息强度和清晰度，强化传播和沟通针对性和及时性

推广人员需要根据不同推广对象的兴趣、需要与问题，有针对性地提供技术和信息咨询服务，同时要考虑当地的自然与生产条件：一要考虑当地的农业结构，优势产品要优先推广，这样农民积极性最高，也最易获得成功；二要考虑当地的地理条件，选定的推广项目是否适合当地的土壤、气候、水源条件以及是否能扬长避短，发挥技术优势，弥补不足至关重要；三要考虑当地农民的传统种植习惯，允许新技术有一个逐步规范的过程；四要考虑农业结构调整的需要。农民自己选定的种植项目往往适应当时的市场需求，代表他们的种植愿望，以此为切入点选定适用技术最易获得理想效果。

（四）营造良好的沟通环境，建立良好的沟通网络

沟通环境不仅包括沟通参与者的社会、文化及心理等方面的因素，而且还包括外部的物理环境。其中改善农村科技传播的媒介环境尤为重要，主要有以下 3 条途径。

（1）调整传播类型。通过加强组织传播，特别是政府和涉农企业的组织传播，扩大文字媒介的覆盖率和传播度。

（2）整合科技传播媒介环境。通过更加广泛地开展产业结构调整、科技示范户、绿色证书、农业广播电视学校、科技下乡等各种途径，加强农科教的结合，营造讲科技、学科技、用科技的传播环境和氛围。

（3）帮助农民加强创新意识，使他们敢于接受新鲜事物，努力提高自身的文化水平、文化素养，主动接受或采纳媒体所传播的农业科技或信息。

农业推广人员与农民、农业企业组织、农业服务机构、政府部门、农业科研教育机构共同构成沟通网络，其中农业推广人员是这种沟通网络中关键的一员。推广人员需要加强同网络中其他成员的沟通，建立畅通的沟通渠道，以形成高质量的信息流，为农村社区的发展提供更有效的服务。

二、基本技能

倾听与交谈、演讲与主持、阅读与写作是农业推广沟通的基本技能，运用这些基本技能来实现有效的大众传播、人际沟通或组织沟通，可以有效地推动农民对新思想、新技术的思考和采用。

1. 倾听与交谈

有效的倾听和交谈是提高传播与沟通效果的重要环节，是农业推广人员的必备素质。

一个合格的农业推广人员的主要工作是帮助农民解决所面临的问题，最基本的职责是要在了解农民的资源现状的基础上懂得农民的情感、愿望和追求。具备良好的倾听能力，才能帮助农民了解他们所处现状，与他们合作来实现农业发展的目标。掌握倾听技能，就能与农民及其他工作对象交朋友，更容易赢得农民的信任。在倾听的过程中要专注，要采用启发、提问、沉默等方法，鼓励和引导农民表达自己的意愿或要求。交谈的过程中要考虑农民的个性特征和当时当地的心理状态，采取不同的交谈方式，友好顺畅的交谈不仅是关注交谈的内容，还要了解其所要传达的思想感情，参与交谈的过程，要尽可能地启发农民将问题说清、讲透。

2. 演讲与主持

成功主持和演讲（报告）的标志之一是农民对主持和演讲产生了浓厚的兴趣，并向演讲人和报告人提出一个又一个问题，达到技术推广、思想交流、行为改变的目的。在主持和演讲中要控制和掌握时间，主持人要保持中立场，同时能够协调冲突、达成共识，利用适宜的媒介，清晰地陈述和表达，与听众沟通、反馈并对听众的反应及时处理。

演讲与主持在语言词汇应用上应该注意两点。

（1）逻辑性。要恰当、准确、巧妙地选择词语，不做任意夸大，不自相矛盾。

（2）技巧性。根据不同场所、不同对象，选用恰当的词语，会收到良好的效果。

3. 阅读与写作

阅读与写作作为一种有效的推广手段，在农业推广活动中具有非常独特的意义。农业推广人员要学会阅读与写作的技巧，充分发挥其在农业推广活动中应有的积极作用。

农业推广写作能力是农业推广人员的基本技能之一。农业推广工作的特殊性决定了写作文体的多样化，语言使用的大众化和本土化。学习农业推广写作的目的，就是要使农业推广人员不仅要像科研人员一样会写论文，而且要会写报告、科普文章以及各种各样的应用文体，以适应完成推广任务的需要。

阅读是一种沟通活动，农民通过阅读获得信息，这是一种对知识和情感的需求。在农业推广工作中，要创造条件，使农民有条件和机会阅读各种科技书刊、电子书刊，增加农业信息的来源，满足其需求。

三、沟通的技巧

（一）建立坦率尊重的朋友关系

1. 积极的心态

农业推广人员和农民都需要有一种积极的心态，相信事物是可以被推动、进步、变化的，彼此之间的传播与沟通是为了更好地解决生产、生活中的问题，实现共同的目标，促进农村的发展和繁荣。

2. 尊重彼此的知识和价值观念

农业推广人员从思想上认识到乡土知识对于农村发展的重要

性，在传播现代技术与知识的同时尊重农民自己的知识与文化价值体系，向农民学习适合当地需求的传统技术与知识，使得现代技术与地方知识有效融合，探索适合当地的发展传播策略。

推广人员熟悉当地的历史文化背景、自然条件、经济状况、技术习惯、风土民情、农业生产状况，采用有针对性的推广方式，取得农民信任，达到有效传播与沟通的目的。

农民也要理解农业推广工作本身是解决农民自己的问题，在了解农业推广人员工作的基础上，理解农业推广人员，尊重其劳动和付出，共同达到农民致富、农村发展的目的。

3. 诚信互助的合作关系

获得信任是有效沟通的基础和前提。推广人员应该具有廉洁公正、平易近人的形象，从而得到农民发自内心的尊重、佩服和信赖。推广人员还应努力做到尊重农民，真诚地帮助农民，针对农民的文化素质、生活习惯、技术要求、心理特点进行沟通活动，尽可能平等地对待各类农户，处理好与当地政府的关系，处理好与当地意见领袖的关系。推广人员必须摆正自己的位置，明确自己扮演的角色和行动目标，为农民提供最满意的信息或服务。

推广人员应了解农民的需要与问题，向他们介绍实用的技术与信息，培养他们的自主能力与自我决策能力；同时需要熟练地掌握专业知识、党的农村政策、必要的法律知识及国情和乡情知识等。

（二）找好切入点

农民和农业推广人员是农业推广沟通的利益相关人，是彼此生活、工作中重要的人际关系。认识彼此的需求，消除障碍，拓展现有的资源，这将决定着彼此的成功或失败。

传播与沟通的过程中，要设身处地从对方角度着想，在倾听的过程中不打断、不中途提建议、不急于解释、不做判断，复述对方的要点，留意对方的情感表示，真正理解对方，实现传播与沟通成为双方彼此认识、了解、理解的过程。

相互信任和尊敬，清晰表达彼此的思想、意向、目标和期待，坦率地提供反馈，积极采取富于原则性、建设性的改变或行动。这是传播与沟通双方彼此努力、共同协作的过程。

传播与沟通的结果是希望实现双赢，最终双方均有所得，实现农业信息技术普及应用、农民生活富裕、农村发展，农业推广人员工作取得良好的成效。

（三）采用好的方式和方法

1. 采用通俗易懂的语言

要尽可能采用适合农民的简单明了、通俗易懂的语言。如解释遗传变异现象时可用"种瓜得瓜、种豆得豆"等形象化语言。解释杂种优势时可用马与驴杂交生骡子为例来说明等。切忌总是"学究腔""书生腔"。

2. 处理信息简明清楚

首先，要求在信息传播中正确选用媒介。编码简单、通俗易懂，适合推广对象的接受能力。多运用图片、图表通常比只用语言文字符号效果更好。其次，在传播每一个新的概念之前需要指明其意义。最后，组织信息时要注意信息的逻辑顺序和结构安排，使接收者更易理解。要本着既要抓住技术精髓又要结合当地生产实际的原则，尽量使农业技术量化、直观化、程序化，真正使技术由复杂变得简单，由抽象变得具体。这样的技术，农民最欢迎也最易接受。

3. 重复关键内容与特点

在口头沟通中，通常需要重复要点、难点，澄清误解，并恰当地举例说明。通过多种信息源重复信息的效果更佳。比如说，人们以前已经从大众媒介上了解到某项技术，若再在某地现场考察、接受培训和指导，人们则更信服这项技术。把传播的新信息和旧信息联系起来、对已知的信息和未知的信息进行比较，更容易看出它们之间的异同，从而更清楚地了解新事物的价值。

4. 利用肢体语言

结合语言与感官的双重作用增加传播与沟通的有效性。信息要用语言来沟通，思想和情感用肢体语言来沟通更为有效。推广人员应能够应用沟通艺术形成轻松和谐的沟通气氛。沟通时注意自己的表情、情感及农民的反应，及时调整自己的行为，使沟通双方的交往愉快而自然，从而获得沟通活动的效果。如柔和的手势表示友好、商量，强硬的手势则意味着"我是对的，你必须听我的"。微笑表示友善、礼貌，皱眉表示怀疑和不满意。盯着看可能意味着不礼貌，也可能表示感兴趣、寻求支持。

5. 启发农民思考、提问

推广沟通的最终目的就是要为农民解决生产和生活中的问题。农民存在这样那样的问题，但由于各种原因，如文化素质、知识技能等使其形不成问题的概念，或提的问题很笼统。这样，推广人员就要善于启发、引导，使他们能准确地提出自己的问题。例如，可以召开小组座谈会，互相启发、互相分析，推广人员加以必要的引导，这样就可以使农民较准确地认识到问题所在，形成问题的概念。

6. 强化信息反馈

农业推广人员要保持与农民的密切联系，倾听他们的意见，并注意吸收和使用已经由农民自己发展的"乡土知识"，大力开展双向沟通，用人与人之间信息交流的形式对对方施加影响力。在新技术传播到农户后，应经常了解、掌握技术使用的效果和使用中遇到的问题，以便及时改进和提高。反馈渠道可通过田间访问、随机抽查、组织用户座谈、专家田间评估等形式调查了解，也可通过经营服务窗口、科技赶集、开通农技服务热线等形式得到信息反馈。

第十章　农业科技成果转化

第一节　农业科技成果

农业部（现农业农村部，全书同）《农业科技成果鉴定办法（试行）》对农业科技成果的概念定义：在农业各个领域内，通过调查、研究、试验、推广应用，所提出的能够推动农业科学技术进步、具有较明显的经济效益、社会效益并通过鉴定或为市场机制所证明的物质、方法或方案。农业科技成果是农业科技人员通过脑力劳动和体力劳动研究创造、观察、试验、总结出来的，并通过组织鉴定、专家评审具有一定创新水平的农业科技理论和生产实践产生显著的经济效益、社会效益和生态效益的农业知识产品的总称。

一、农业科技成果的层次属性和种类

（一）农业科技成果的层次属性

研究农业科技成果的层次属性，与认识转化过程、加速成果转化有密切关系。农业科学是研究农业生产的理论和实践的科学。研究的内容主要有作物栽培、育种、耕作制度、土壤和肥料、植物保护、农产品贮藏和初步加工、农业机具的应用和改良、农田水利、农业生产的经营管理等。

农业科学研究的内容除了上述的系列（或称专业）以外，一般分为三个层次，即应用基础研究、应用技术研究和发展研究。农业科学研究的总目标是为了探索农业生产的客观规律，并掌握运用这些规律间接或直接地指导农业生产。这是农业科学研究三

个层次的共同属性。但是，它们在研究目的、研究方式、研究成果的应用情况、实验条件和科学意义等方面是不相同的。

应用基础研究主要是探索农业科学的基本理论问题，如生物固氮、作物营养规律、光合作用、生物抗逆性、遗传等，主要是理论方面的研究。这类研究往往需要具有较高素质的人才，由少数人甚至是单个人进行研究。研究的成果可用于指导应用技术研究和发展研究，且具有较大的学术意义，而经济效益往往不太明显。研究的领域、课题和方法往往可以自由选择。

应用技术研究可以把基础理论进一步转化为物质技术和方法技术，如根据生物遗传和抗逆性的理论培育抗逆性强的高产优质品种；根据病虫害发生的规律，研究防治病虫的方法技术；根据作物营养规律研究科学施肥的方法。这类研究往往需要集体进行，并由素质较好的人才主持研究，也要有相应的人才协助研究和实施操作。这类研究成果往往可以直接用于生产，特别是物质技术如良种等，经过推广可得到明显的经济效益。

发展研究主要解决在推广物质技术和方法技术时所遇到的技术问题。这类研究往往带有培训和推广的意义。通过发展研究和推广工作可以进一步扩大应用技术研究成果的经济效益。

（二）农业科技成果的种类

农业科技成果的分类方法较多，常见的有以下几种。

1. 按成果产生的来源分类

（1）科研成果。它是科学研究的结晶，是为了解该生产或科学发展中的问题所确定的课题，经过周密的设计，采用科学方法和手段，遵循必要的程序进行试验、研究、调查、分析所获得的，其成果体现为新理论和新技术。

（2）推广成果。它是指推广应用现有科学技术，在农业生产或科技进步等方面取得了显著效益的成果。这类成果在技术的创造性方面不一定明显，但应用面广，直接效益显著。

2. 按成果层次属性分类

（1）理论性成果。它是通过研究发现某种自然规律，揭示自然的本质，阐明某种自然现象和特征，或探明应用技术的机理等，是一种发现性成果。揭示出来的新知识，可用于解释自然和为人类改造自然提供理论依据。

（2）技术性成果。它是指科学研究中创造出来的，能够用于改造自然的新手段、新方法、新工艺类的成果，如新品种、新机具、新材料、新农药、新肥料、新设施等；新的栽培技术和操作方法、工艺流程等。技术性成果还包括形成技术的基础性工作，如品种资源的调查、收集、整理、保存和评价、科技情报、农业区划等。技术性成果一般都能直接用于生产和推进农业科技进步。

3. 按成果的表现形式分类

（1）硬科学成果。它是指以具体事物如农作物、畜禽等为对象，研究它们的性质，结构和运动规律，控制它们所必需的方法和手段，并用于发展科学、技术和生产等的成果。

（2）软科学成果。它是指研究人们使用硬科学，制订生产计划、科技发展目标以及实现目标的系统工程，如规划、计划、设计、程序、关系协调、战略、对策等。软科学一般表现形式为研究报告、实施方案、图表及各种文字资料等。软科学成果的理论性和应用性往往是融为一体的，不像硬科学成果那样有明显的理论性和应用性之分。

4. 按成果的研究进程分类

（1）阶段性成果。它是指组成复杂、环节多、难度大的综合性重大科技项目，在进行过程中完成的某一阶段所取得的成果，它是该项目的重要组成部分和最终完成该项目的必经途径，标志着该项目在研究过程中取得的某种进展和突破，对该项目全部完成起着重要作用，而且在理论上或技术上有单独使用价值的成果。

（2）终结性成果。它是指完成最终目标所取得的成果，具有完整性和系统性，标志着研究任务的全面完成、课题结束。

5. 按成果内涵的复杂程度分类

（1）单项成果。它是指由单项理论或技术构成的成果，涉及的应用范围相对狭窄，是一个科研项目的某一方面。

（2）综合性成果。它是指由内在联系密切的多因素组成的成果，如包含理论、技术和效果相统一的成果；两种技术（方法）以上组成的系列技术成果；从不同侧面共同解决某个问题的成果。

二、农业科技成果的特点

农业科技成果从研发到应用与其他行业的科技成果有着截然不同的特点。

（一）研制周期长，涉及学科多

农业科研项目大多是围绕着农业生产中出现的实际问题进行立项研究，如作物高产栽培，作物、畜牧高效优良品种的选育，高产、优质、高效、生态农业开发等，主要对象是活的生物体。一季作物、牲畜的一个生长发育周期，一般都需要数月乃至数年。试验中每一个技术环节和步骤都需要有多学科知识的投入，栽培、饲养的生理生化和气象环境控制，新品种选育遗传变异应用，数据处理上数理统计分析等。所有这些忽视某一点就有可能使完善的试验研究前功尽弃。在研究初步得到结果后，还要在生产实践中反复验证其重演性、可靠性和进行必要的适应性试验，最后才能大面积、大范围的推广应用。农业部曾对 1 010 项成果进行统计，完成一项成果平均为 8.29 年，最长 35 年。这就形成了农业科技成果研制周期长、涉及学科多的特点。

（二）成果形成慢，淘汰速度快

一项农业科研项目从调研、选题立项、研究实施，到成果形成，不仅需要较长研制周期，涉及较多的学科，而且难度较大，人力、物力投入较多，成果形成较慢，往往赶不上生产的步伐。例如培育高产、优质新品种，但高产与劣质、低产与优质往往是基因连锁，很难通过正常的杂交选育出理想的品种，只有通过特殊的手段，才有可能达到目的。不但成果形成得慢，而且成果的缺点比较明显，在生产上应用时间短。由于受制于环境条件的多变、病虫害的侵袭、新的疾病和新的生理小种形成，一种农药、一个良种，很快地被生产淘汰，要求有更新的成果、更好的技术来代替。

（三）技术性强，难度大

现代化农业同以往的手工农业相比，要求有较高的技术性，农业科技成果大多都是针对活的生物体而起作用的，技术上要求不仅有指标化和操作规程，而且还要求时空化和应变性。种植、养殖要达到高产、优质、高效，必须科学地实施技术，达到技术质量的指标要求，按技术的操作程序进行。技术实施的时间和环境对技术效应有着显著的作用。根据自然环境条件的变化、技术实施的对象——生物体的生育特点采取相应的应变措施，对技术加以合理地修正来适合新的情况，最终以较强的技术性，实现成果的应用价值。例如，农业上棉花、番茄、黄瓜具有无限生长习性的作物高产优质高效栽培技术，要求技术性就特别高，对这类作物营养生长和生殖生长的控制是生产的关键。通过施肥（氮磷钾的配比、供应时期）和化控技术可以达到指控目标，但由于技术实施效果受环境条件影响大，而且生态环境是很难控制的生产因子，所以，技术成果的应用实施难度较大。同样的栽培条件技术实施的好坏，产量和效益相差悬殊极大。有些技术必须经过专门培训的人员和农业技术工作者才能完成。

三、农业科技成果的鉴定

科技成果鉴定是指有关科技行政管理机关聘请同行专家，按照规定的形式和程序，对科技成果进行审查和评价，并做出相应的结论。鉴定是为了能比较正确地评价成果的科学性、成熟性、学术价值、技术水平、生产应用的经济效益、应用条件和应用范围等，以及应用后产生的效应（正效应和负效应），如转基因农牧品种的负效应问题等，从而能在农业生产上得到及时的推广应用，同时也可避免盲目推广成果造成的损失。

（一）农业科技成果鉴定的原则和方法

1. 农业科技成果鉴定的原则

（1）统一鉴定标准的原则。我国在技术鉴定方面还缺乏经验，在农业科学技术研究成果鉴定中，还没有一个定量的标准。因此，必须逐步建立起我国农业科学技术成果鉴定的国家标准。当然，由于农业科学技术的特殊性，这种全国统一的农业科学技术鉴定标准，必须在广泛征求农业专家和科技工作者意见的基础上，制订出草案，经过试行定案后再正式颁发执行。

（2）坚持同行评定的原则。在农业科学技术成果鉴定中，同行评定能得出恰如其分的、代表真正科学技术水平的鉴定，但应避免走过场。同行评议参加的成员，应包括科研、教学、生产三方面的专家。一些牵涉成果试用和推广单位的项目，还应有用户单位的代表等。

（3）科学民主、注意质量、讲求实效的原则。坚持百花齐放、百家争鸣，在鉴定中，既要允许相同意见，又要允许和尊重不同意见（哪怕是个别人的意见），这些意见都要恰如其分地填写在鉴定书上。注重质量和实效，鉴定评语要科学准确可靠，真正反映科技成果本身的实质和特点，实效要高。

（4）实事求是、客观公正全面评价的原则。对科技成果的真实性、先进性、理论性、技术性及生产上的应用性都要实事求是，公正全面地进行评价，防止出现伪科学、假成果。

2. 农业科技成果鉴定的形式

（1）会议鉴定，指由同行专家采用会议形式对科技成果做出评价。需要进行现场考察测试，并经过讨论答辩才能做出评价的科技成果，可以采用会议鉴定形式。这种方法优点是在鉴定会上，能让到会的专家、教授和有关人员与被鉴定单位的科技人员当面接触，及时弄清技术鉴定中需要仔细了解和补充了解的东西，同时使被鉴定单位的科技人员及时了解存在的问题及应当加以改进的方面等。其缺点是要花费很多的人力物力及时间，邀请的专家、教授往往因为工作忙不能到会等。因此，鉴定会要精心组织，坚持勤俭节约、公平公正的原则，保持鉴定的科学性。采用会议鉴定时，由组织鉴定单位或者主持鉴定单位聘请同行专家7~15人组成鉴定委员会。鉴定委员会专家不得少于应聘专家的4/5。鉴定结论必须经鉴定委员会专家2/3以上多数或者到会专家的3/4以上多数通过。

（2）函审鉴定，指同行专家通过书面审查有关技术资料，对科技成果做出评价。这种形式不需要进行现场考察、测试和答辩，采取函审鉴定形式即可对科技成果做出评价。参加函审鉴定的专家、教授，由完成成果单位的上级主管部门根据鉴定材料聘请。函审鉴定需提前将全套技术材料及有关鉴定成果事项的材料、通信鉴定意见书等寄给专家、教授，然后由完成技术成果单位的上级主管部门将寄回的意见加以综合，形成技术鉴定书。在上报成果材料时，将专家的书面意见作为附件，连同技术鉴定书一起上报。这种鉴定方式可以节约财力、物力和人力，也节约了参加鉴定的专家、教授的宝贵时间。采用函审鉴定时，由组织鉴定单位或者主持鉴定单位聘请同行专家5~9人组成函审组。提出函审意见的专家不得少于应聘专家的4/5，鉴定结论必须依据函审专家3/4以上多数的意见形式。

（3）检测鉴定，指由专业技术检测机构通过检验、测试性能指标等方式，对科技成果进行评价。专家可根据研制单位提供的技术资料，对产品或推广基地直接进行仪器检测、调查，结合利用使用单位的应用效果报告、发明证书等做出科学鉴定。采用检测鉴定时，由组织鉴定单位或者主持鉴定单位指定经过省、自治区、直辖市或者国务院有关部门认定的专业技术检测机构进行检验、测试。专业技术检测机构出具的检测报告是检测鉴定的主要依据。必要时，组织鉴定单位或者主持鉴定单位可以会同检测机构聘请3~5名同行专家，成立检测鉴定专家小组，提出综合评价意见。

（二）农业科技成果鉴定的条件、主要内容和程序

1. 科技成果鉴定的条件

（1）列入国家和省、自治区、直辖市以及国务院有关部门科技计划内的应用技术成果，以及少数科技计划外的重大应用技术成果（基础性研究、软科学研究等其他科技成果的验收和评价方法，由科技部另行规定）。

（2）已完成合同的约定或者计划任务书规定的任务要求。

（3）不存在科技成果完成单位或者人员名次排列异议和权属方面的争议。

（4）技术资料齐全，并符合档案管理部门的要求。

（5）有经国家主管部门或省、自治区、直辖市科技管理部门或国务院有关部门认定的科技信息机构出具的查新结论报告。

2. 科技成果鉴定的主要内容

（1）是否完成合同计划任务书要求的指标。

（2）技术资料是否齐全完整，并符合规定。

（3）应用技术成果的创造性、先进性和成熟程度。

（4）应用技术成果的应用价值及推广的条件和前景。

（5）存在的问题及改进意见。

3. 科技成果鉴定的程序

（1）需要鉴定的科技成果，由科技成果完成单位或个人根据任务来源或隶属关系，向其主管机关申请鉴定。隶属关系不明的可向其所在地省、自治区、直辖市主管部门申请鉴定。

（2）组织鉴定单位应在收到鉴定申请之日起 30d 内，明确是否受理鉴定申请，并做出答复。对符合鉴定条件的，应当批准并通知申请鉴定单位。对不符合鉴定条件的，不予受理。对特别重大的科技成果，受理申请的科技成果管理机构可以报请上一级科技成果管理机构组织鉴定。

（3）参加鉴定工作的专家，由组织鉴定单位从科技成果鉴定评审专家库中遴选，申请鉴定单位不得自行推荐和聘请。

（4）组织鉴定单位或者主持鉴定单位应当在确定的鉴定日期前 10d，将被鉴定科技成果的技术资料送达承担鉴定任务的专家。

（5）参加鉴定工作的专家，在收到技术资料后，应当认真进行审查，并准备鉴定意见。

（6）鉴定结论不写明"存在问题"和"改进意见"的，应退回重新鉴定，予以补正。

（7）组织鉴定单位和主持鉴定单位应当对鉴定结论进行审核，并签署具体意见。鉴定结论不符合有关规定的，组织鉴定单位或者主持鉴定单位应当及时指出，并责成鉴定委员会、检测机构、函审组改正。

（8）鉴定通过的科技成果，由组织鉴定单位颁发"科学技术成果鉴定证书"。

（9）科技成果鉴定的文件、材料，分别由组织鉴定单位和申请鉴定单位按照科技档案管理部门的规定归档。

第二节　农业科技成果转化及其评价

农业科技成果转化是指把科技成果潜在形态的生产力转化为现实的物质形态的生产力，并通过推广应用产生社会、经济和生态效益，形成新的生产力的过程。《中华人民共和国促进科技成果转化法》指出，科技成果转化是指为提高生产力水平而对科学研究与技术开发所产生的具有实用价值的科技成果所进行的后续试验、开发、应用、推广直至形成新产品、新工艺、新材料，发展新产业等活动。

一、农业科技成果转化的相关理论基础

农业科技成果转化从其工作过程及形式来看，是一种沟通过程、教育过程和组织过程，是通过沟通、示范、教育（培训）等转化活动，使农民行为发生改变。农业科技成果转化需要农业科

技管理学、农村社会学、行为学和心理学等理论支撑，掌握农业科技成果转化的理论与方法，需要对相关社会科学与自然科学进行交叉研究实践。

农业科技成果转化过程除遵循需求理论、行为改变理论外，关联理论和创新扩散理论能使人们进一步理解农业科技成果转化的过程。

1. 关联理论

农业科技成果转化与推广，已成为专用名词，指的是根据农民需要、农业和农村发展需要、提高农产品国际竞争力的需要，寻求问题所在，帮助解决"三农"问题。

农业科技成果转化与推广过程中，存在着两个系统：一是目标系统，指农民、农业以及所处的生存空间，即农民及农民家庭家族与环境因素；二是辅助系统，指农业科技人员、科研和技术推广单位以及所处的生存空间，即农业推广机构及推广人员与环境因素。这两个系统相互作用，相互渗透，是农业科技成果转化与推广过程的完整系统（图 10-1）。

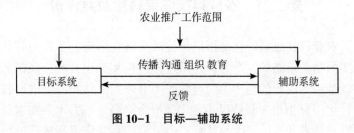

图 10-1 目标—辅助系统

2. 创新扩散理论

创新的扩散是成果转化的关键，是指某项创新在一定时间内，通过一定的渠道，在某一社会系统的成员之间被传播的过程。

创新扩散的一般规律是科技成果转化和推广的基本规律。创新扩散是最初创新者采用；通过认识、兴趣阶段出现早期使用者；效用产生后，接着扩散，扩散到更多的采用者或采用地区，使创新得以普及应用，出现早期多数、晚期多数的采用者，创新的采用与扩散完成。扩散有时是少数人向大多数人的扩散，有时则是由少数的单位、地区向更多的单位、地区扩散。创新扩散过程是采用者的心理与行为发生变化的过程。其结果受驱动力、阻力的影响。驱动力大于阻力时，创新就会扩散开来。研究表明，创新扩散具有明显的规律可循，呈钟形扩散曲线。扩散过程一般顺序经历自然扩散期、示范期、发展期、成熟期、衰减期（图10-2）。

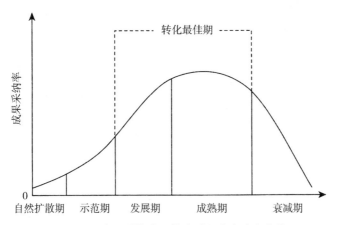

图 10-2　农业科技成果推广过程常态分布曲线

不同农业科技成果的水平、竞争能力、推广质量以及成果研制周期和技术更新周期不同，其有效生命期也不同。据研究，一般农业科技成果有效生命周期是 5~8 年。这个时期是很短暂的，因此，农业推广必须紧紧抓住农民心理接受兴奋期即成果的发展期和成熟期，也是转化最佳期，进行大力推广，利用有利时机，创造较高的经济效益和社会效益。

二、农业科技成果转化的条件

1. 科技成果必须适销对路

在农业推广实际工作中，经常会有这样的情况发生：一些科技成果一经问世，便很快引起广大农民的兴趣与关注，使其在生产应用上不推自广，而且能在较长时间内"走俏"；而有些科技成果虽然已被研究出多年，并做了大量的宣传推广工作，但一直不能引起农民的浓厚兴趣，并很快出现"疲软"；还有的成果，不论多么努力宣传推广，却始终得不到农民的赏识而长期地被搁置，最终失去其应有的使用价值。出现这些情况的原因是多方面的，但最根本的还是这些科技成果本身不过硬，在很大程度上不能满足农民在生产中的实际需要；或推广区域不对路，不能充分体现科技成果的效益。

2. 农业推广体系要健全

农业科技成果经过鉴定以后，如何送到农村的千家万户，这既是农业推广部门的主要工作，也是农业科研单位义不容辞的责任。农业科研单位作为农业科技成果的生产单位，首先应从本地区农业生产发展和本单位科技进步的实际需要出发，推出更多的适销对路的农业科技成果。此外，也要积极地进行技术开发与推广工作，采用多种形式传播农业科技信息，促进农业科技成果向生产领域转移，并通过成果示范解决科技成果应用中的新问题，使科技成果在推广过程中不断完善和发展。农业推广部门应采取积极有效的组织措施，理顺关系，制订农业推广计划，做好技术培训，宣传推广和科学指导工作，使农业科技成果的转化周期相对缩短，同时也要注重农业科技成果在转化中不断创新，并要求政府部门、服务部门相协助。

3. 农民的科学文化素质要提高

农业科技成果转化能否成功，一个重要的影响因素是农业科技成果的采纳系统。农民是农业科技成果采纳系统的主体，他们的科学文化素质的高低在很大程度上影响着科技成果的吸收、消化和应用。目前，我国的农民受教育程度较低，科技意识和能力都相对较差。因此，普及义务教育和各类职业教育，宣传科技知识，加强农民科技意识，是实现农业科技成果转化的重要手段，这也就要求教育、科研、推广部门应紧密结合起来，围绕农业科技成果转化这个中心，广泛开展不同层次的，尤其是对农民的技术培训，尽快提高农民的科学文化素质，以增强农民对农业科技成果的接受能力。

4. "技、政、物"结合，投资有保障

农业科技成果的转化是以相应的物质和资金配套为前提的。如配方施肥技术的转化，就要有合理的化肥结构；病虫草害防治技术就要有对路的农药类型。所以，农业科技成果的转化要形成规模效益，必须有各方面的配合，其中"技、政、物"是三个最基本的要素。技术是核心，物质是基础，政策是保证。

5. 社会化服务全面周到

农村实行家庭联产承包责任制以后，要使不同素质的农民都能接受并能够正确运用先进的农业科技成果，扩大农村社会化服务范围是十分必要的。农业推广部门可以结合技术推广从事一些经营服务活动，如农药、化肥、地膜、良种、苗木等经营，也可以采用技术承包等形式，不断增强自我积累、自我发展的能力。立足推广搞经营，搞好经营促推广。逐步改革过去的"输血式"推广为"造血式"的推广，同时改变单纯的产中服务为产前、产中、产后的全程服务。

三、农业科技成果转化的评价

农业科技成果转化的评价包括两个方面：一是对科技成果转化的程度和效率评价；二是成果转化应用的效益评价。

1. 科技成果转化的程度和效率评价

衡量和评价农业科技成果转化的程度和效率的指标主要有转化率、推广度、推广率及推广指数等。

（1）转化率。农业科技成果的转化程度通常用转化率来表示。转化率包括两方面：转化周期和转化成果数。转化周期是指科研成果自鉴定之日起，到生产上普及推广之日止的时间。转化成果数是指在生产上得到了推广应用的成果数量。转化周期越短，研究成果推广速度越快，则转化率越高。

（2）推广度。推广度是反映单项技术推广程度的一个指标，指实际推广规模占应推广规模的百分比。推广规模是指推广的范围、数量大小。实际推广规模指现有推广规模的实际统计数。应推广规模指某项成果推广时应该达到、可能达到的最大局限规模，为一个估计数，它是根据某项成果的特点、水平、内容、作用、适用范围，与同类成果的竞争力及其与同类成果的平衡关系所确定的。

一般情况下，一项成果在有效推广期内的年推广情况（年推广度）变化趋势呈抛物线，即推广度由低到高，达顶点后又下降，降至为零，即停止推广。依最高推广率的实际推广规模算出的推广度为该成果的年最高推广度；根据某年实际推广规模算出的推广度为该年度的推广度，即年推广度；有效推广期内各年推广度的平均称该成果的平均推广度，也就是一般指的某成果的推广度。

（3）推广率。推广率是评价多项农业技术推广程度的指标，指推广的科技成果数占成果总数的百分比。

（4）推广指数。成果的推广度和推广率都只能从某个角度反映成果的推广状况，而不能全面反映某单位、某地区、某系统（部门）在某一时期内的成果推广的全面状况。推广指数同时反映成果推广率和推广度，可较全面地反映成果推广状况。推广指数可以作为评价农业科技成果转化状况的一个重要指标。

（5）平均推广速度。平均推广速度是评价推广效率的指标，指推广度与成果使用年限的比值。

（6）农业科技进步贡献率。为进一步评价农业科研与推广工作的效果，从总体上把握农业科技进步水平与潜力，通常需要测算科技进步对农业经济增长的贡献份额，即农业科技进步贡献率。农业科技进步率可以用农业总产值增长率分别减去每项生产要素产出与其投入增长率乘积而测算出来。

研究农业科技成果转化率及其相关指标的目的，就是要求在转化农业科技成果的过程中，尽可能地提高转化效率，使成果发挥更大的经济和社会效益。

2. 农业科技成果转化的效益评价

（1）农业科技成果经济效益的评价指标。农业科技成果转化的经济效益评价指标是反映经济效益大小的计算依据，也是农业科技成果管理的重要内容，是成果奖励的重要尺度。农业科技成果转化的经济效益的评价指标有新增总产量、新增纯收益、科技投资收益率、科研费用收益率、推广费用收益率、农民得益率。

（2）农业科技成果经济效益评价的基础数据和取值方法。农业科技成果经济效益评价中所涉及的基础数据必须准确无误而且科学合理，只有这样，才能保证对农业科技成果经济效益的评价准确。在计算过程中涉及的基础数据主要有以下几项。

一是对照。对新科技成果进行经济评价，必须选择当前农业生产中最有代表性的同类当家技术为对照。其功能性质、各项费用、主副产品质量、产值的取值范围和项目、对比条件、计算单位和方法、价格、时间因素与推广的新技术要有可比性。

二是有效使用年限和经济效益计算年限。使用年限是指农业新技术发挥作用的时间；经济效益计算年限是指推广农业新技术经济效益最佳和较高时期，各类推广技术经济效益计算年限不同。按作用年限可分为短期和长期。

短期。如在一年内发挥作用的农作物新品种，农业、畜禽（猪、鸡、兔等）饲养管理技术，经济效益计算年限从推广使用（不包括示范时间）起，经过稳定推广使用，进入淘汰期为止。进入淘汰期的标志是当年使用面积（或棵、只）下降到最高年的面积的80%。

长期。如多年生栽培植物（茶、果树等）可按生命周期计算。若由于生命周期过长，进入淘汰期不便计算，可按有经济收入年限的 1/2 计算，一般为 20~25 年。

使用年限无法确切计算的。如土壤改良、水土保持以及特殊优异的种质资源、抗原和方法技术类的，其使用期长久、无确切年限，目前一般可按 30 年计算。

三是有效使用面积。有效使用面积指在经济效益计算年限内，确实发挥了经济效益的累计推广面积。根据有关部门调查研究，在一个省范围，保收系数可取 0.9，但不同自然经济区，保收系数取值应有所不同。如在旱涝保收地区取值可偏大些，在灾害频繁地区，取值就偏小些。

四是单位面积增产量。单位面积增产量指推广的新技术与对照比较，单位面积的新增产量。数据的取值要通过多点对比试验和大面积多点调查取得。

当推广地区大面积增产的主导因子是本项技术，且多点大面积调查增产量小于或等于大面积应用本项技术的实际增产量时，

单位面积增产量＝多点调查单位面积增产量

当多点调查单位面积增产量大于大面积应用本项技术的实际增产量时，

单位面积产量＝区试单位面积增产量×缩值系数

$$缩值系数 = \frac{大面积多点调查单位面积增产量}{区试单位面积增产量}$$

一般情况下，缩值系数变幅范围在 0.4~0.9，平均为 0.6~0.7。

当本地区大面积增产的主导因子不是一项而是多项技术时，需要用大面积综合应用多项技术获得的实际单位面积增产量，去校正单项技术的区试的单位面积增产量，使之接近于实际。

五是单位面积增产值。单位面积增产值指推广应用单项技术与对照比较单位面积上主产物和副产物增加的产值。

六是新增生产费。新增生产费指用户使用新的科技成果取代旧的科技成果后所增加的投入总额。新增生产费常包括人工费、种子费、肥料费、农药费、农机费、水电费等。

七是科研、推广和生产单位经济效益的份额系数。这是指科研、推广和生产单位在新增纯收益中各自应占的份额、比例。确定份额系数是由于推广效益的取得是这三者相互努力作用的结

果，反映其在新增纯收益中贡献的大小，使三者认识到自己的作用，并且得到鼓励。

第三节　农业科技成果转化途径和主要模式

农业推广的重要作用是将新成果、新技术、新知识及新信息应用到农业生产中。科技成果只有转化为现实生产力，才能促进农业技术进步和农业生产的发展。有效的途径和适宜的方式是加速科技成果转化的关键。

一、促进农业科技成果转化的途径

根据农业科技成果的特点和农业推广中存在的实际问题，结合我国的国情，科学地选择适合当地的推广途径，才能促进农业科技成果的转化。

（一）优化管理机构，形成新的科技推广服务体系

农业科技成果的推广转化的速度和效果，不但受科技成果本身特点的制约，还受社会环境条件的影响。在农民文化素质和科技素质偏低的地区，政府部门对于论证好的科技成果项目，应在政策导向等方面加以适当的干预，促进推广，为科研技术推广保驾护航。科研部门不应是以往单纯进行研究的概念，应尽可能地贴近农业生产实际，选题目标要从解决当前生产中的重大技术问题出发，将研究、推广相结合。推广部门不应是单纯的成为生产和科研部门的中介人，不但要直接参与科学研究工作，成为科研部门的一部分，还要成为生产部门的科技成果转化的直接实施者，防止脱节。缩短转化进程，必须保证财、物诸方面按时、优质、优价、按量的到位。支农部门必须紧密配合，按国家有关法律规定和宏观调控的方针办事，使农民真正体会到中国特色社会主义的优越性，树立采用新技术、新成果的信心和决心，促进农业科技成果的应用。

在农业生产、农村经济改革不断深化，科、农、工、贸有机

结合的全新发展阶段，科技推广部门要适应新形势、新要求，转变观念，转变职能，转变运行机制，增强服务功能，形成新的服务体系。县、乡两级推广机构的科技人员，要具有较强的管理才能、推广技能和一定的科研示范能力。知识层次、结构要多样化，种、养、加、贸、管齐全，素质要高，成为科研、推广、生产相结合的纽带；要制定优惠政策，鼓励高学历、高职称技术人员到推广第一线，积极充实新生力量，形成新的技术格局。推广机构要以市场为导向，效益为中心，发展农村经济为宗旨，形成多层次、多形式、多成分的服务网络，具有产前、产中、产后的综合配套服务功能，形成国家扶持、自我发展壮大的适应于中国特色社会主义市场经济发展的新的科技推广体系。政、科、技、支四位一体，协调作用，促进农业科技成果转化。

（二）加强农村开发研究和中试生产基地建设

农业区域综合开发研究是农业科技成果快而好地转化为生产力的最佳途径。它的显著特点是以系统科学观点和做法，促进农业科技成果的转化。在开发过程中，把多项技术综合组装，发挥效益，具有示范带动作用，影响较大。成果产出单位与成果应用单位紧密结合建立中试生产基地，把试验、示范和推广相结合进行以高产、稳产、优质、低耗、高效为中心内容的配套技术研究、成果推广，这不仅可以促进农业科技成果转化为生产力，而且可以带动一批农业企业的技术改造，如国家科技园区的农业展示推广作用。

（三）大众传播途径

现在网络、新闻、电视、电影、广播、杂志、手机短信息等已成为宣传转化农业科技成果的有效途径。调查研究表明，一项农业新技术通过新闻媒介宣传推广，特别是网络媒体的宣传报道作用，农民的提早认识率可达70%以上，可见，利用现代通信设备推广农业科技成果也是目前有效途径之一。

（四）农业技术市场

农业技术市场有六大功能，即交易功能、交流功能、推广功能、开拓功能、教育功能、信息功能。农业技术市场对促进农业科技和农村经济的结合，加速科技成果转化为现实生产力显示出了强盛的生产力。农业技术市场十分有利于农业科技成果在生产领域中的应用。技术作为商品进入流通领域，使科技成果直接与需求者见面，减少了成果推广环节，加快了转化为生产力的速度。

（五）建立科学的培训体系，大力提高农民素质

技术含量较高的农业科技成果在实际推广中往往农民接受慢，普及慢，转化慢，效益低。这主要是因为农民文化水平较低。在技术成果推广地区，针对技术成果特点、农民的文化水平高低，根据教育学、心理学原理，应用农业科技成果推广规律及科技成果转化为生产力的特点，建立科学的培训体系，开展长期的多种形式相结合的教育培训，普遍提高农民文化素质和科技素质是促进农业现代化的根本。如"农业专家大院"专家传播推广农业科技成果的作用。

科技知识是相互依存、相互渗透的，在农业科技推广培训内容上要进行全方位培训，应难易、深浅兼顾，种、养、加、营、管全面培训。农民的文化水平参差不齐，接受能力不一，要把他们分解成若干层次进行培训，针对情况有的放矢，重点培养和普遍教育相结合，形成一批技术骨干和示范户，带动整个地区。这样系统地培训，可使农民科技素质得到大幅度的提高，使其终身受益，科技成果能够保质、保量、保效益地在培训中迅速推广。

（六）根据成果属性采取相应的推广对策

促进成果转化，必须考虑成果属性。根据属性，寻找相应对策。对于物化性强的物化形态农业科技成果，如农作物良种、新畜禽品种、新疫苗、新肥料、新机械等，可边示范边推广，以商品形式参与技术市场竞争，供农民选择，以市场调节为主，促进好成果的转化推广，淘汰效益低的成果。对于技术性强的技术形态成果，如各种作物的三高栽培技术、畜禽饲养防疫技术、土壤改良技术等。要针对某一地区的生产实际选准项目，以技术承包、技术培训咨询、技术入股等形式促进转化。此类成果必须有政、科、技、支四位一体的管理机构来保证成果的推广实施。对于知识形态和理论形态成果，如资源调查、病虫情测报、应用理论研究等，属于社会服务公益性的成果，国家必须拨出一定资金无偿服务，保证成果的推广实施，促进社会物质文明、生态文明的建设。

二、农业科技成果转化的主要模式

农业科技成果在未应用于农业生产之前，只是潜在的、知识形态的生产力，而不是现实的、物质形态的生产力。从潜在的、知识形态的生产力转变为现实的、物质形态的生产力需要有一个转化过程，即通过某种途径或方式，将先进、成熟、适用的农业科技成果作为生产要素，注入农业生产中，改变要素结构，提高农业产出率和优质率。总结分析国内高效农业科技成果转化模式，可以分为以下四种。

(一) 政府主导型转化模式

政府主导型转化模式指以政府设置的农业科研和技术推广机构为主体，其目标和服务对象较为广泛，在我国具有政府主导、自成体系、自上而下和社会公益性等特征，在农业科技成果转化中起着举足轻重的作用。

政府主导型转化模式主要由承担着国家、部门科技成果产出和科技服务任务的农业科研机构、高等院校，组织跨部门、多学科优势力量联合攻关，研究并提供具有方向性、创新性的重大科技成果，进行后续试验、开发、应用、推广直至形成新产品、新技术，促进新兴产业和农业持续稳定发展。具体还可以分为以下几种。

1. "科技+基地（试验区、示范区、辐射区）" 转化模式

科技部、农业部、财政部于 2004 年在陕西杨凌建设的国家农业高新技术产业示范区，是国内唯一的国家级农业高新技术示范区。杨凌示范区和西北农林科技大学在借鉴国外农业科技推广

经验的基础上，结合我国农业发展实际首次提出和实施"政府推动下，以大学为依托、基层农技力量为骨干"的农业推广模式。示范区将科技优势与示范基地建设融合，全方位提升农业发展水平。杨凌示范区成立以来，已经探索形成了一个立体式、多元化的示范推广体系，每年示范推广面积超过 266.7 万 hm²，使5 000 多万名农民受益，年推广效益达 110 多亿元。

"科技+基地"转化模式在国家科技攻关中发挥了重要作用。通过在不同类型地区试验示范推广先进农业技术，取得了重大的经济社会效益。同时，通过技术培训，广大农民的科学种田水平不断提高，为振兴地方经济做出了贡献。

2. "科、教、推"三结合转化模式

由科技部、农业部、财政部等部门组织，中国农业科学院等研究院所主持，有关科研机构、高等院校和农业技术推广单位参加的国家"863"计划项目，"六五"至"十一五"期间，坚持实验室与试验场、试验基地结合，取得具有自主知识产权的创新重大科研成果，并形成"科、教、推"三结合运行机制，快速转化与推广自主创新的农业科技成果。

【案例】中国水稻研究所是国内最大的以研究水稻为主的农业科研机构，三系法超级杂交稻研究方面处于国际领先地位。该所在主持超级杂交稻研究中，积极探索将育成的好品种大面积推广，将先进科研成果转化为现实生产力，经长期实践总结出科研机构—技术推广单位—种子企业"三位一体"的联合开发转化新模式，通过与浙江中稻高科技种业有限公司、浙江勿忘农种业股份有限公司、浙江江山市种子公司等合作进行种子产业化开发，受到了农民的广泛欢迎。协优 9308 通过这种新转化模式得到了迅速推广，并成为浙江省单季杂交稻的主栽品种，年推广面积达到 20 万 hm²，累计推广了 66.7 万 hm²，为农民增收 6 亿多元。

3. "科技+企业"结合转化模式

根据国办发〔2000〕38 号文件精神，在农业科研机构在体制改革中，农业部有 22 个科研机构转为科技型企业。在政府主导下，这些企业发挥自身优势，面向市场需求，以经济效益为中心，在实践中创建了"科技+企业"结合转化模式，取得了一定成效。

【案例】中国农业科学院饲料研究所"九五"以来先后研制开发了饲用植酸酶、保健鸡蛋生产技术等多项成果和技术，且80%以上成功实现了转化。特别是饲用植酸酶发酵生产技术，在国内4家企业实现产业化生产，利用该技术生产的植酸酶占国内植酸酶市场的70%以上，成功地替代了进口产品，成本大幅度降低，创造了巨大的经济效益和社会效益。为饲料企业提供技术服务300多项（次），转化科技成果40多项（次）。通过模式和机制创新，推动了科研成果的快速转化。

（二）市场机制主导型转化模式

市场机制主导型转化模式，主要是以农业企业为中心的转化模式，是指涉农企业或集团把农业科技成果由实验室、试验基地转化为现实生产力。这里指的涉农企业，包括农业产业化中的龙头企业、与农业相关的跨国企业和外国公司等。以这些企业为主体研发和转化推广农业新技术、新成果、新产品（图10-3）。

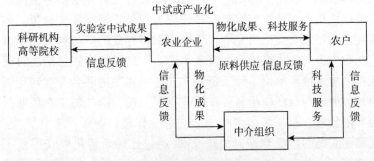

图10-3 市场机制主导型转化模式

这些企业的主要特征是科教企结合或组成企业联盟，自主经营，自负盈亏，以市场为导向，以效益为中心，优先选择可物化为新产品的高技术、新技术，或者可建立稳定的优质原料供应基地的农产品生产技术。通过企业的生产经营，使科技成果供需双方得以互动交流，即成果供给方为企业提供成果，企业进入中试或产业化生产，同时，企业要利用社会资源向农民提供相关成果及技术服务，以提高产品市场占有率和附加值，发展壮大农业企业。

1. "企业+基地+农户"三结合转化模式

【案例】陕西华农园艺有限公司，是一家集研发、生产、销售、贸易出口的农业科技型综合性企业。公司选择世界优质苹果产区陕西省富县作为苹果生产基地，生产符合安全食品卫生标准的有机食品"绿冰苹果"。公司按照"公司+基地+农户"的模式，以世界苹果优质品种——富县苹果为主，抓生产，搞经营。现有苹果交易市场、自动化储藏冷库、加工厂和选果线等设施；具有对外贸易经营权，果品加工厂和 466.7hm² 基地果园已被国家检验检疫局备案、登记，并予以编号，符合出口欧盟标准。2007 年该公司被评为全国苹果经营优秀企业，被农业银行陕西省分行评为"AAA"级信用客户，2008 年国家扶贫开发办认定为第二批国家扶贫龙头企业。公司法人代表被评为陕西省企业明星，受聘为中国果蔬协会苹果分会副理事长，获得 2008 年中国果菜产业突出贡献奖。

2. 科技企业一体化转化模式

【案例】保定市科绿丰生化科技有限公司和河北农科院植保所共同承担的微生物农药"10 亿个芽孢/g 枯草芽孢杆菌可湿性粉剂"项目，解决了棉花生产的世界性难题——以棉花黄萎病为代表的农作物土传疾病的防治问题，研制的微生物农药达到国际先进水平，经济效益、社会效益和环境效益显著。该项目的实施，使发酵液中含有的芽孢杆菌数提高为原先的 10 倍，项目实施 1 年后，就在黄河流域棉区、长江流域棉区及新疆棉区的 12 个示范基地、55 个示范点进行了区域示范，在防治冬瓜、花生等土传疾病和香蕉、西瓜、草莓等林果根部病害方面，取得了显著效果（科技部，2010）。该项目形成了专业队伍本土化、专业技术平民化、技术推广商业化的成果转化模式，有利于持续增强农技成果的转化能力。

3. 中外农业企业合作转化模式。

【案例】美国孟山都公司于 1996 年与河北省种子站以及美国岱字棉公司合作成立了第一个生物技术合资企业——冀岱棉种技术有限公司，第一次将抗虫棉品种引入中国市场。在取得引进试种成功之后，棉农的种植成本降低了 20% 左右，安全性也有了显著提高。1998 年我国抗虫棉 95% 的市场份额被外国抗虫棉垄断。与此同时，我国转基因抗虫棉的研究，在国家"863"计划专项和农业部、国家发展和改革委员会、财政部等部委的大力支持下取得了重要进展与突破，选育出抗虫棉新品种 200 多个，2004 年国产转基因棉占市场份额的 62%。2008 年我国转基因抗虫棉种植面积达 380 万 hm^2，占棉田总面积的 70%，其中国产抗虫棉已占 93% 以上。

（三）科研教育主体型转化模式

这是国家、部分省科研机构和高等院校承担国家、行业和地区重点专项，面向国家和地方农业重大需求，组织全国性科研协作和以科研教育为主体的转化模式，并通过农村试验基地、综合性和专业性基点，试验、示范、推广科技成果，取得显著的经济效益和社会效益。

通过这种成果转化模式，新品种、新技术被农民广泛接受、认可和大面积地实施和转化，极大地发挥了农业科技成果对农业发展的科技支撑作用，为各级科研部门、高等院校拓宽了发展空间，开阔了发展视野，为农民发家致富、增加收入搭建了农业科技成果信息传播、引进、吸纳、展示和成果转化的发展平台。

【案例】西北农林科技大学拥有一支 800 多人的科技推广队伍，长期深入陕西及西部地区从事科技成果转化与推广工作。该校在陕西省政府的大力支持下，借鉴国外先进经验，积极探索以高等院校为依托的"大学+试验示范站（基地）+科技示范户+农民"成果转化和推广新模式，为新形势下农业科教体制改革进行了有益的尝试，取得了显著成效。

西北农林科技大学选育的小麦新品种"西农 979""小偃 22"，为陕西省的主栽品种，并在河南、江苏、湖北、安徽建立了 8 个小麦示范园推广，效益显著。为解决苹果产业发展的技术瓶颈，推广人员深入白水县的 14 个乡镇，累计建立高标准中心示范果园 66.7hm^2，示范园 666.7hm^2，培训果农 20 多万人次，带动全县新发展果园 2 000hm^2 以上，使全县果园面积达到了 36 666.7hm^2。2007 年，白水县苹果总产值达到 7.2 亿元，果农人均收入达 3 000 元。

该校长期致力于秦川牛肉用选育改良及产业化工程等项目研究，培育推广秦川肉牛新品系 1 个，指导了 6 个国家级和省级产业化龙头企业。10 年来，共计新增出栏肉牛 12 万头，带动农民新增养牛 400 万头以上，新增经济效益 35.6 亿元，社会效益达 17.7 亿元以上。

（四）中介组织带动型转化模式

中介组织带动型转化模式是以合作社、专业技术协会等中介组织为龙头，通过产加销一体化经营或合作社内部交易，带动农户从事专业化生产的一种产业化组织模式。以中介组织为依托的农业产业化经营可以实现跨区域联合，有利于扩大经营规模，提高市场竞争力。

这种转化模式由于中介组织的介入而分工明确，科研机构专门从事科学研究，农业技术推广单位及其他中介组织专门从事成果的后续熟化和科技服务，农户专门从事农业生产，三方紧密配合，效率得到明显提高。中介组织利用较完善的推广营销体系，为农户提供有效的科技服务；同时，又可将农户的科技需求信息集中起来，反馈给农业科研机构，为进一步完善科技成果和科研选题提供依据。

【案例】陕西杨凌示范区的中介平台由企业、农民协会、专家大院、技术会展等组成，通过就地转化，将科技成果送到千家万户，取得显著成效。中介机构通过市场化的技术"买卖"转化与推广科技成果 5 项、新品种 40 多个，服务西北、华北等 10 省区，年辐射效益达 10 亿元。举办培训班 27 期，培训果农 2 000 多名。有 9 家优秀品牌企业加盟，发展会员 3 万余名。举办成果博览会，通过参观、交流、购买等形式，传播推广科技成果。据初步统计，参加技术培训和咨询人数超过 50 万人次，成交额累计超过 1 038 亿元。

第四节　农业科技成果转化的制约因素和解决途径

改革开放以来，我国政府确立了科技成果的商品地位，树立了新的转化观念，颁布了《中华人民共和国农业科技成果推广法》《中华人民共和国促进科技成果转化法》等一系列促进转化的基本法规，促进了农业科技成果转化的数量与质量，但农业科技成果的转化率仍然很低，在政策、措施上应予以加强。

一、农业科技成果转化的制约因素

在农业科技成果的转化过程中，诸多因素影响着科技成果转化的数量与质量。

（一）农业科技成果的有效供给不足

在供给方面，影响农业科技成果转化的主要是农业科研选题与生产结合不紧、农业科技成果结构失衡、农业科技成果质量不高和成果转化效率低等。主要表现为农业科研选题与生产结合不紧，偏离市场需求。国家、部门重点科技计划，包括支撑计划、"863" 计划项目选题目标过大，项目层次多，不能与生产需求对接。同时，农业科技成果结构不够合理，还存在着在行业中，产中成果多，产前、产后成果偏少的状况。在种植业中，粮棉油品种成果多，资源环境、土壤肥料、植物保护、耕作栽培、高新技术应用、农业机械化等成果少，而产后贮藏与加工技术成果更少。

（二）农业科技成果的有效需求障碍

在需求方面，影响农业科技成果转化的因素，主要是农户生产规模小、农民科学文化素质低、农业生产经营风险大等。我国农村人口多，人均耕地占有量少，农户以家庭联产承包为单元，生产规模很小，不利于先进的农业科技成果的转化和推广。这种"小农户与大市场"的现状下，农户也面临着较大的市场风险和农业生产过程中的技术风险，造成一些农民对采用新的农业科技成果和先进实用技术顾虑较多，也影响了对农业科技成果的有效需求。不过这一局面随着国家农村土地流转政策的实施将发生变化。

（三）农业推广体系结构不合理

以往的农业科技成果推广是由农技推广总站牵头的省（自治区、直辖市）、地（市）、县、乡四级推广网来完成；现在这一体系破坏了，人员流失严重，队伍不稳。而且这种"四级"推广网推广人员是单纯的技术推广人员，农业科研部门没有参与，这样的推广机构使科研与推广脱节。这一事实，一是影响了科技成果的转化速度；二是科技成果推广后科研部门不能直接受益，科研得不到相应的补偿，对研究不利；三是科研与推广是"两张皮"，农业上存在的实际问题不能通过推广迅速地反馈给科研部门立题研究。加之，科技成果又需要一定程序转入推广部门，结果，大大限制了科技成果的转化速度。

（四）技术因素和"命令式"盲目推广

农业科技成果的技术性质与科技成果转化关系很密切，立即见效的技术比较简单易学，转化时间短，如施用新化肥、新农药。相反，难度较大或带有风险性技术，往往需要较多的知识、经验和技能，对农民的科学文化素质要求也高，不具备相应的条件，农业科技成果也就难以转化。此外，如果新技术与过去习惯的技术不协调，也会影响农业科技成果的转化。

由于推广机构结构不合理，推广人员素质低、业务不熟，政府部门的命令干扰，往往给推广带来较大的盲目性。有些科技成果是长期效益，有些是短期效益。对那些难推广的长期效益项目，农民不易接受，但政府为了完成某个指标，不调查研究而盲目"命令"强迫农民采用，结果效益不佳，挫伤了农民采纳的积极性，给以后推广工作造成极大困难。

（五）农民接受能力偏低，限制了推广速度和范围

农民接受某一项科技成果，都要根据自己的经济情况、生产条件，对成果的认识和了解，达到对成果技术的初步掌握才能下决心。许多农业科技成果推广范围应该是很广的，但由于农民科技文化素质太低，经济条件也比较差，接受速度慢，合适的示范户难选，推广网形成慢，限制了成果的推广范围、速度和效益。

（六）政策措施不到位，推广和科研经费短缺

政府对农业科技成果的转化，可以采取多方面的鼓励性措施，给予支持和促进，主要有土地经营使用政策、农业开发政策、农村建设政策、对农产品实行补贴及价格政策、供应生产资料的优惠政策、农产品加工销售的鼓励政策等。以上一些政策不到位会对农业科技成果的转化带来影响。农业科技成果适用范围具有区域性且阶段成果易扩散，同时兼有社会服务的公益性质，其价值很难得到补偿，农民也很少有能力补偿。再加上农业科技成果的应用又是适应当地的延伸性成果（即根据当地情况要加以改造才能应用），若无补贴很难推广。推广经费短缺，科研得不到补偿，使科研推广部门丧失了经济活力，生产者缺乏应用成果的动力，推广部门没有能力形成具有当地适应性的推广创造力，科研没有后劲，以致造成科研、推广、生产相脱节，大大影响了成果的转化。

二、消除农业科技成果转化限制因素的对策

（一）提高农业科研水平，多出创新性成果

农业科研机构是出创新性科技成果的源头，也是提高国际农

业科技竞争力、转化和推广科技成果的基本力量。要按照国家需求，抓好科研申报、立项工作；在研项目要定期督促和检查；项目验收、成果鉴定时，要严格按照规定程序和方法进行，完善评审机制，保证评审质量；在转化和推广科技成果时，要选择相应的转化模式，把科技成果转化为现实生产力。

（二）发展和引导农业技术市场，规范成果转化和推广市场行为

在农业科技成果转化中，对成果进行有效的保护，有利于供给和需求各方的利益。要加强保护知识产权法律的宣传与普及教育工作，农业科研机构、高等院校、企业、中介组织和地方政府应建立和完善农业知识产权管理制度，提高农民知识产权保护意识；加大知识产权的保护和执法力度，严厉制止和整治各种侵权行为，打击各种伪劣、假冒农业科技成果，切实保障农业科技成果顺利转化与推广。

（三）加强农业科技推广队伍，建立完善的推广体系

采取强有力的和行之有效的措施，加强农业科技推广队伍，重点在省以下的地区，特别是在县、乡。有了强大的推广队伍，才能够迅速把农业科技成果转化为直接的生产力。必须健全和加强县、乡农技推广站（包括种子站、畜牧兽医站、植保站、农技站等）的经费、用房、工作及生产条件，充分调动农业推广科技人员的积极性，基层农业推广站（县、乡、村）是农业科技成果推广转化的最重要形式。

（四）加强农业科技成果的鉴定和评价

强化农业科技成果鉴定，评价中加强成果推广范围、地区特点的权重，实行科技成果鉴定评价负责制，增加科技成果鉴定评价的真实性、科学性，取消"命令式"推广，让农民自愿接受农业科技成果。

（五）加强农业技术培训，提高农村实用技术人才的科技素质

从农村实际出发，根据不同地区和不同层次农民的需要，编

写以种、养、加工为主体的实用农业技术教材，组织大规模多形式、多渠道的农业技术培训，有条件的地区，要充分利用网络信息技术，零距离培训农民；支持农村各类专业技术协会、研究会工作，建立农民、企业家、专业技术人员广泛参与的农业技术推广队伍，积极转化和推广农业科技成果，政府要予以引导、在经费上予以支持；深入农村调查，了解农民对技术成果的心理需求，宣传诱导，增强农民学科学、用科学积极性，增强农民接受和采用科技成果意识。

（六）加强农村信息网络的投入和建设

农村信息网络是传播农业政策、科技信息、技术推广、科研成果转化的重要途径。加强和加快农村信息网络建设，可有力地推进农业科技成果的转化，缩短成果的转化周期、扩大推广范围、提高推广率和推广效益。

（七）增加农业技术转化与推广的资金投入

加大对农业技术推广的投入，逐步形成稳定的投入增长机制。政府对农业技术推广经费的投入应实行财政全额拨款制度，其增长机制则可参照各地当年财政增长的比例同步增长；对国家和地方的丰收计划、转化资金项目等要加大支持力度，提高各类项目的资助强度。建立农业科技推广专项基金；利用"绿箱"政策，设立农业科技（绿箱）专项基金，把以前的农产品补贴变为农业科技推广补贴，加大农业科技推广投入的力度；要多渠道筹集资金，包括利用信贷资金、乡镇企业收入中以工补农资金、涉农企业赞助等社会集资及农业部门经营收入提成用于农业科技推广等。

参考文献

李伟，付小军，2018. 农业实用技术新编［M］. 杨凌：西北农林科技大学出版社.

李秀敏，2015. 农民实用技术手册［M］. 保定：河北大学出版社.

中华人民共和国农业农村部，2019. 2019 年农业主推技术［M］. 北京：中国农业出版社.